高等学校通用教材

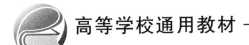

人机系统与飞行品质

谭文倩　屈香菊　编著

北京航空航天大学出版社

内 容 简 介

本书以飞机和驾驶员构成的人机系统为背景，介绍人机系统理论和飞机飞行品质。人机系统理论包括人机系统的构成、人机系统的实验方法、驾驶员行为特性和驾驶员模型的建模方法。飞机飞行品质包括飞行品质的驾驶员评价、基于飞机本体特性的经典飞行品质要求、带控制器飞机的等效系统的飞行品质要求、人机耦合与驾驶员诱发振荡预测方法和非线性人机耦合问题。

本书为航空宇航科学与技术学科硕士研究生"人机系统与飞行品质"课程的教材，也可作为从事飞机设计的工程技术人员的参考书。

图书在版编目(CIP)数据

人机系统与飞行品质 / 谭文倩，屈香菊编著. -- 北京 : 北京航空航天大学出版社，2019.11
ISBN 978 - 7 - 5124 - 3193 - 5

Ⅰ.①人… Ⅱ.①谭… ②屈… Ⅲ.①飞机—人—机系统—飞行品质—高等学校—教材 Ⅳ.①V212.13

中国版本图书馆 CIP 数据核字(2019)第 277893 号

人机系统与飞行品质
谭文倩　屈香菊　编著
责任编辑　王　实
*
北京航空航天大学出版社出版发行

北京市海淀区学院路 37 号(邮编 100191)　http://www.buaapress.com.cn
发行部电话：(010)82317024　传真：(010)82328026
读者信箱：goodtextbook@126.com　邮购电话：(010)82316936
北京九州迅驰传媒文化有限公司印装　各地书店经销
*
开本：787×1 092　1/16　印张：13　字数：333字
2020 年 1 月第 1 版　2020 年 1 月第 1 次印刷　印数：1 000 册
ISBN 978 - 7 - 5124 - 3193 - 5　定价：42.00 元

前　　言

　　"人机系统与飞行品质"是北京航空航天大学飞行器设计专业硕士研究生的一门专业核心课程。该课程的教材是由北京航空航天大学飞行力学教研室胡兆丰教授于1994年首次编写。本书是在该教材的基础上重新编写的,主要是基于之后人机系统理论和飞行品质研究的进展,对该教材内容进行了更新和补充,并重新梳理了教材体系,以适应当前硕士研究生专业课程的教学要求。

　　随着飞机飞行性能的提高,近30年来,人机系统理论和飞行品质研究取得了长足的发展。本书在继承了原教材经典人机系统理论和飞行品质的基础上,增加的新内容主要包括:

　　(1) 人机系统的构成。根据飞行控制技术和各类控制器的作用,分析不同发展阶段的人机系统特点,建立人机控制系统的原理框图,为系统建模奠定基础。

　　(2) 人机系统实验技术。介绍了实验的设计方法、数据处理方法,重点是频谱分析中的窗口傅里叶变换、时频分析中的小波变换以及相应的 MATLAB 工具箱,以体现新技术的应用,并加强实践环节的训练。

　　(3) 驾驶员控制模型及其应用。在原教材已有的经典驾驶员拟线性模型、McRuer 模型、最优模型的基础上,增加了智能驾驶员控制概念模型,并结合舰载机光学助降引导、智能操纵杆设计等示例,介绍了驾驶员控制模型研究的最新理论和技术,以体现教材内容的先进性。

　　(4) 飞行品质规范的新进展。原教材对飞行品质规范的介绍,是基于当时的 MIL-F-8785C。考虑到飞行品质规范一般过几年就会更新版本,修正或者增加内容,本书以当前使用的 MIL-STD-1797 为例,介绍飞行品质要求的框架体系,并补充了各阶段飞行品质规范的重要改进。

　　(5) 人机耦合研究的新进展。在原教材介绍线性系统驾驶员诱发振荡(Ⅰ型PIO)的基础上,本书增加了非线性人机不良耦合问题,包括电传操纵的高增益飞机的Ⅱ型 PIO、系统突变引起的Ⅲ型 PIO 问题,以反映当今人机耦合研究的热点。

　　另外,为了突出工程背景和加强综合训练能力,在本书中,安排了驾驶员在环仿真试验、MATLAB 数据处理、驾驶员模型识别、飞行品质仿真验证等实践性环节,以满足最新课程教学大纲的要求。

　　本书由北京航空航天大学航空科学与工程学院的"人机系统与飞行品质"课题组和课程教学团队编写。谭文倩执笔完成了书稿的大部分内容,屈香菊负责本书内容的选择、章节体系的梳理、部分内容的编写及全书统稿和审查。

　　本书在原教材的基础上,总结了本课题组的研究成果和教学经验,吸取了国内外的相关研究成果。本课题组的研究曾得到多个国内和国际航空相关部门的支持,主要有:中国航空工业发展研究中心、沈阳飞机设计研究所、中国飞行试验研究院、西安飞机设计研究所、南昌飞机设计研究所、中国船舶系统工程研究院、莫斯科航空学院飞行力学教研室、荷兰代尔夫特理工大学飞行力学教研室。在此,作者对他们的支持表示衷心的感谢。

作　者

2019 年 10 月

目　　录

第1章 人机系统概述

人机系统是由人和机器组成的系统。在人机系统中,人和机器相互作用,机器是被控对象,人是一种特殊的控制器。人的行为受被控对象特性的影响,也受任务和环境的影响,表现出很强的自适应性。同时,机器的工作效果也受人的控制行为的影响。本书介绍的人机系统是由驾驶员和飞机组成的动力学系统,本书是基于飞机飞行品质研究的需求来介绍人机系统理论的。

驾驶员-飞机系统的基本问题是驾驶员控制动力学与飞机动力学耦合(Aircraft-Pilot Coupling,APC)的问题,是飞行品质研究的基础。飞机能否快速、准确地完成飞行任务受飞机特性的影响,也与操纵飞机的驾驶员的行为有关。在飞行过程中,如果驾驶员的操纵引起了不希望的飞机响应,或者是人机之间的相互影响不理想,就会出现不良人机耦合(Unfavorable Aircraft-Pilot Coupling)。驾驶员诱发振荡(Pilot-Induced Oscillations,PIO)就是一种具有代表性的不良人机耦合现象,是由驾驶员操纵引起的、持续不可控的振荡。这种情况常常是因飞机特性存在缺陷导致的,因此,在飞机设计中需要考虑不良人机耦合的预测和预防问题。

随着航空技术的发展,特别是飞机飞行控制技术的发展,不良人机耦合不断出现新的特征。针对不同发展阶段的不良人机耦合问题,工程上提出了相应的预测准则和预防措施,也就是飞行品质准则和PIO抑制技术。研究飞行品质准则和PIO抑制技术的目的是更好地设计飞机,使其适合人的操纵特性;并且可以帮助训练驾驶员,使人能够更好地适应飞机,实现安全高效的飞行。

自有人驾驶飞机开始,人机耦合问题就是成功飞行的关键。早在20世纪40年代就已经提出了APC/PIO的概念,但航空新技术的应用带来了新的APC问题。飞机飞行动力学系统的复杂化,要求对人机系统的分析更细致,系统设计的综合化程度更高,所以对人机系统特性的研究越来越重要。在现代战斗机和民用机设计中,已经将人的因素放在更重要的位置,提出了"以人为中心"的人机一体化设计思想。

1.1 驾驶员-飞机系统的发展

1.1.1 驾驶员-飞机系统的构成

驾驶员-飞机系统是由驾驶员和飞机构成的动力学系统。在该系统中,驾驶员与飞机相互作用,飞机是被控对象,驾驶员执行控制任务。驾驶员的控制行为受飞机被控对象特性的影响,同时飞机的运动也受驾驶员行为的影响。图1-1所示为驾驶员-飞机系统的一般组成。

随着航空技术的发展,驾驶员-飞机系统结构发生了变化,人机耦合特性出现了一些新的特征。首先,飞机系统变得越来越复杂,主要体现在控制器的功能越来越多。例如,飞机从增稳到自动驾驶再到飞行管理的自动化程度的提高,减轻了驾驶员的负担;载荷阵风减缓控制扩

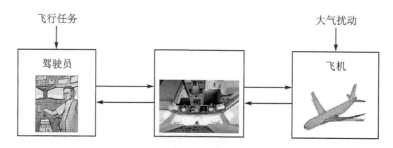

图 1-1　驾驶员-飞机系统的一般组成

展了驾驶员的功能,这些都增加了飞机系统的复杂程度。其次,人机界面发生了变化。以驾驶员-飞机系统为例,其人机界面包括驾驶员输入界面(例如,驾驶舱内的显示装置等)和输出界面(例如,驾驶舱内的控制面板)。图 1-2 所示为两种驾驶舱人机界面示意图。早期飞机的显示装置以飞行仪表为主,驾驶员通过驾驶盘/杆、脚蹬和油门实现控制。而现代飞机多采用玻璃驾驶舱和综合平显,并配备了自动驾驶仪和飞行管理系统,驾驶员可以通过按钮、键盘,甚至触摸屏对飞行状态实施控制。

依据飞机控制的特点,可以将驾驶员-飞机系统的发展分为三个阶段,即机械操纵的人机系统、电传操纵的人机系统和自动化飞行的人机系统。

早期飞机的驾驶杆和舵面之间是机械式连接的,舵面的气动力直接通过驾驶杆传递给驾驶员。为了实现舵面偏转,驾驶员必须提供足够大的操纵力。此时,操纵手柄的设计问题主要集中在杆力、杆位移的大小及协调性上。由于驾驶员应用中央杆可以提供更大的操纵力,早期的机械操纵飞机均采用中央杆式设计。

(a) 早期飞机的仪表显示和机械杆

图 1-2　驾驶舱人机界面示意图

(b) 现代飞机的综合显示和电传侧杆

图 1-2　驾驶舱人机界面示意图(续)

随着飞机飞行性能的提高,飞行速度、高度范围的扩大,要求的操纵力越来越大,以致超过驾驶员的能力范围。因此,采用了助力器,后来进一步发展了电传操纵和侧杆操纵。在电传操纵飞机上,驾驶员不再直接感受舵面的气动力,而是感受电传人感系统提供的驾驶杆力。大多数电传飞机均采用无回力操纵方式,此时驾驶杆不再承受很大的力,因此可以将传统的中央杆移到驾驶员的侧面。侧杆是一个信号发生器,它根据驾驶员给出的操纵指令,向飞机发送一个电信号,从而实现控制功能,即驾驶员操纵侧杆控制器来控制飞机。与传统操纵杆相比,侧杆操纵能够更有效地利用座舱资源,改善驾驶员视野,提高驾驶员抗过载能力。

现代飞机广泛采用自动驾驶仪和飞行管理系统。在这类自动化飞行的人机系统中,驾驶员既要使用自动化设备又要实施人工操纵,具有多行为特征。驾驶员的行为包括使用自动化飞行系统的逻辑推理、判断、决策,以及进行人工操纵等。而智能控制技术的发展,则有望解决驾驶员无法完成的任务,例如,故障或其他异常飞行情况。智能化是未来飞机操纵控制系统发展的新趋势。

1.1.2　机械操纵的人机系统

20 世纪 50 年代以前,飞机的操纵系统是机械操纵。在机械操纵系统中,从驾驶员操纵杆输出到飞机舵面指令输入的传递是机械式的,例如连杆式。对飞机飞行品质要求的满足主要依赖气动外形设计。那时虽然也体现人机闭环特性的要求,但由于人机系统的结构相对比较简单,对驾驶员特性的研究不需要太多。例如,涉及驾驶员特性的操纵指标是操纵力的大小和操纵杆的位移,它们主要与驾驶员操纵的静态特性相关。在上述系统中,飞机的飞行动力学模型常采用小扰动线化方程形式。基于小扰动方程的模态特性分析,研究人员提出了多项飞机飞行品质的指标。在这些指标中,人机耦合特性在飞机设计中表现为飞机的焦点、机动点和重心的相对位置与驾驶员操纵力的大小和方向、操纵位移的大小和方向的关系。在人机闭环特性分析中,对驾驶员特性的考虑则相对简单,主要是力、位移和方向协调性方面,涉及的驾驶员特性是四肢的位移、力的大小和梯度。

图1-3所示为机械操纵的人机系统结构。由图可知,驾驶员通过机械操纵系统对飞机实施控制,而飞机的运动状态变化信息主要通过视觉反馈提供给驾驶员。驾驶员还可以利用前庭感受获取飞机运动变化信息,包括加速度和角速度。

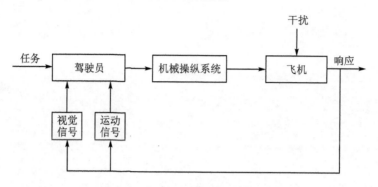

图1-3 机械操纵的人机系统结构

1.1.3 电传操纵的人机系统

电传操纵是指从驾驶员操纵杆输出到飞机控制器的指令输入是通过电信号传递的。在电传操纵系统中,驾驶杆输出的是飞机运动参数的指令,采用不同的运动参数或参数组合,可实现多模态引导的控制模式。

随着航空技术的发展,飞机性能大大提高,仅靠气动外形设计难以满足飞机的飞行品质要求。此时,飞行品质的满足需要依靠控制系统设计来实现。这不仅需要了解驾驶员行为的静态特性,而且需要分析驾驶员的动态操纵行为特性。飞机放宽静稳定性的控制增稳系统设计和电传操纵系统的应用,使现代飞机人机系统的结构发生了变化,如图1-4所示。

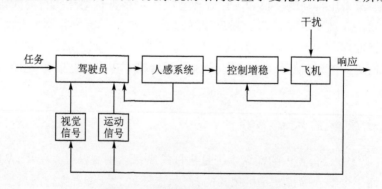

图1-4 电传操纵的人机系统结构

电传操纵的人机系统与机械操纵相比,具有以下特征:

① 驾驶员不再直接感受飞机的舵面气动特性,而是感受由电传人感系统提供的力。

② 飞机的操纵面不仅受到驾驶员的控制,而且按照一定的控制律由自动器来操纵。

③ 现代飞机因为包含了人感、飞控、飞机本体等多个子系统,致使人机界面更加复杂,人

机系统回路上传递的信息量大大增加,驾驶员的控制输出通道也更多,不仅限于飞机的主操纵系统。

1.1.4　自动化飞行的人机系统

自动化飞行是指通过控制器来替代驾驶员的控制,就是在增稳控制的基础上,增加轨迹控制的功能。

在图 1-5 所示的自动化飞行的人机系统结构中,根据自动化系统的层次结构以及相应的驾驶舱资源配置,可以将驾驶员的控制行为分成三层,由内向外依次为:第一层基于技能(Skill based)的操纵行为,第二层基于规则(Rule based)的控制行为,第三层基于知识(Knowledge based)的控制行为。在飞行安全研究领域,根据飞行事故或事件的统计分类也是按照该层次划分的,因此体现了飞机设计和飞行训练在研究驾驶员行为上的一致性。

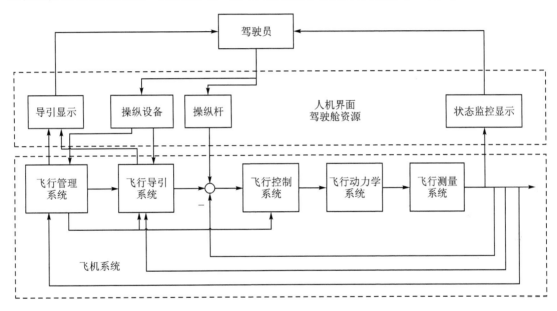

图 1-5　自动化飞行的人机系统结构

驾驶员行为特性的第一个层次为人工操纵。在这一层次上,驾驶员的任务是控制飞机的飞行姿态,通过控制姿态实现对飞行轨迹的控制。这是一种连续或分段连续的操纵行为。驾驶员行为特性的第二个层次为基于规则的控制行为。在该层次中,驾驶员的行为是使用自动化飞行系统,包括自动驾驶系统和飞行管理系统。此时,驾驶员的行为是对驾驶舱资源的管理与利用,属于离散决策行为,包括航路的设定、根据任务和飞行阶段切换飞行控制系统的不同工作模式等。驾驶员行为特性的第三个层次为基于知识的推理、决策行为。在该层次中,驾驶员的任务主要是处理异常情况,根据外部的飞行环境进行决策规划、躲避危险飞行区域等。

自动化技术的应用在减少驾驶员四肢工作负荷的同时,也使得驾驶舱资源越来越丰富,这对驾驶员的理解、判断和决策能力提出了更高的要求,也带来了由于模式认知所造成的安全隐患。

1.1.5 智能人机系统

智能人机系统是指飞机的控制器具有认知、判断和推理功能。智能控制器的发展有望扩展飞行任务和提高飞行安全,例如,针对在飞机故障和异常外部环境情况下的智能控制问题。目前,有关智能人机系统的研究主要包括智能驾驶员的感知、判断和决策控制行为建模,智能人机界面设计,智能容错控制器设计,以及智能控制器与驾驶员的协同控制等。

在智能人机系统中,驾驶员既要使用自动化设备又要实施人工操纵,具有多行为特征。驾驶员-飞机智能系统结构如图1-6所示。由图可知,人机智能系统由感知、决策、执行三个层面组成。智能驾驶员可以分为感受系统、中枢神经系统和运动系统,分别描述感知、决策和执行三个功能。感知功能由驾驶员的感觉器官特性决定,主要包括视觉、触觉和运动感觉。决策是人基于知识的推理和判断,是中枢神经系统的功能。人的决策依赖于个人经验、技能、知识以及心理因素,因此决策功能的研究需要结合智能理论、逻辑理论、决策理论等,是人类认知控制行为的核心。而执行功能是通过人的四肢运动来实现的。

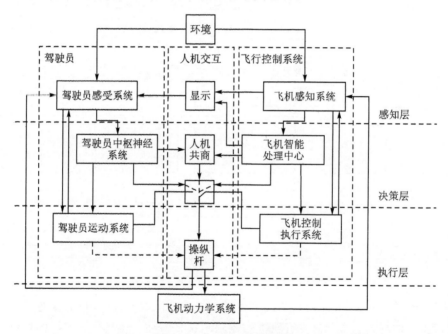

图1-6 智能人机系统结构

在智能人机交互中,智能控制器与智能驾驶员控制行为应当实现人机协同。协同机制的形成应充分考虑控制器与驾驶员各自的优势。在感知方面,飞机的自动化飞控系统具有感知精度高、环境适应性强等优点,但是相比于驾驶员却体现出了综合感知困难的特点。在决策方面,飞机的自动化飞控系统主要适用于大量精确信息的数据处理,记忆大量的数据、知识和规则,并进而实现基于规则的推理和决策;而驾驶员更适合从事整体性的形象思维和富有创造性灵感的思维活动、对信息的综合处理以及对于意外发生事态的预测和处理。在执行方面,飞机的自动化飞行控制系统具有执行速度快、精度高、环境适应范围广、不受生理限制等优点,但却无法比拟驾驶员所拥有的灵活协调性、动作综合性以及面向环境和系统突发扰动的强应变能力。充分发挥智能控制器与智能驾驶员各自的优势,是智能人机系统设计和驾驶员训练的关键问题。

1.2　驾驶员数学模型

从研究驾驶员-飞机动力学耦合特性的角度出发,关于驾驶员控制行为的研究已经有很长的历史。随着航空技术的发展,对人机闭环系统特性的研究逐步深化。为了更好地设计飞机,需要建立更加细致和明确的飞行品质要求。而飞行品质的研究始终与驾驶员的行为密切相关。

越来越复杂的飞机系统设计,要求越来越深入地分析驾驶员的行为。例如,早期飞机主要通过气动外形设计来满足飞行品质要求,驾驶员特性考虑得很简单,主要关注驾驶员的静态特性,具体包括操纵力和操纵位移。在这种机械式操纵系统模式下,驾驶舱显示界面也比较简单。控制技术的发展使飞机的飞行性能大大提高,满足飞行品质要求不再仅仅依赖气动外形设计,而更多地依赖控制系统设计。对于驾驶员行为的研究不仅涉及驾驶员的静态特性,更重要的是要研究驾驶员的动态特性,特别是对于电传操纵飞机。所以,有必要研究动态驾驶员模型。

将人的一般行为模型化是相当困难的,特别是一些普通人简单行为的模型化几乎是不可能的。但对于具有专门功能的高级机器,使用者需要经过专门的训练,要求的操作是很有规律的。这种规律性是人的行为能够模型化的基础。

对于不同的驾驶员控制行为,驾驶员模型的形式也不尽相同。在人机耦合特性研究中,常常需要根据所研究的问题选择驾驶员模型形式,并结合飞机模型构成人机闭环系统。

图 1-7 所示为驾驶员模型的基本组成。该模型由驾驶员感知与行为模型两个模块组成。感知模块即为驾驶员感知信息的内部表达,描述驾驶员在心目中对飞机被控对象生成的内部映像。行为模型包括监控与控制两部分,它们分别代表两种不同性质的驾驶员行为:监控行为属于离散决策行为;控制行为属于连续操纵行为,即人工驾驶。驾驶员作为人机系统中的一个子系统,其输入是感受器官感受的信息,这些信息来自外部视景、座舱显示和运动惯性;其输出是驾驶杆或控制键、按钮。

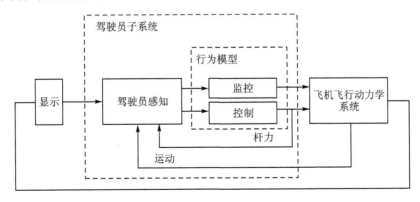

图 1-7　驾驶员模型的基本组成

驾驶员模型描述的是驾驶员的控制行为特性,随着控制理论的不断发展,驾驶员模型也出现了相应的改变。按照控制理论的分类,可以将驾驶员模型分为基于经典控制理论的驾驶员模型、基于现代控制理论的驾驶员模型和基于智能控制理论的驾驶员模型。下面对各类驾驶员模型做简单的介绍。

1.2.1 基于经典控制理论的驾驶员模型

基于经典控制理论,Tustin 将线性伺服机构理论用于人工控制任务分析,首次提出了一种线性驾驶员模型形式。在此基础上,McRuer 和 Hess 发展了一系列经典驾驶员模型,被广泛用于描述驾驶员人工控制行为。

1. 直观的驾驶员模型

20 世纪 50 年代末,McRuer 通过研究单自由度补偿控制任务,按任务要求和驾驶员在控制回路中的功能,提出一个直觉的驾驶员模型应包括:

(1) 反应时间延迟(Reaction time delay)

实验表明,人对外界刺激的最短反应时间随刺激频率的提高而增加,延迟相位线性增加。所以,可以用延迟环节来表征驾驶员这一特性。受人的生理条件限制,大脑神经对视觉输入信息反应的延迟时间约为 0.15 s。

(2) 增益和相位补偿

增益和相位补偿体现了驾驶员对被控对象的自适应性。为了能够在稳定性允许的条件下,获得合理的快速响应和控制精度,要求驾驶员根据被控对象的特性作出相应的补偿。增益和相位补偿通过驾驶员增益(Gain)和超前(Lead)、滞后(Lag)网络来描述。

(3) 神经肌肉滞后(Neuromuscular lag)

神经肌肉系统相当于控制系统的执行机构。当肌肉接收到来自大脑的动作指令时,肌纤维异步收缩,由于惯性呈现时域指数响应特性。因此,可以用惯性环节近似这一特性,惯性环节的时间常数为 0.1~0.2 s。

神经肌肉滞后和反应时间延迟是人的固有特性,是不可控制的。在应用 McRuer 基本模型进行飞行品质评价时,可以将这两个特性合并为一个延迟环节,取等效延迟时间参数为 0.3 s。

将上述特征综合,可得到 McRuer 模型的基本形式为

$$Y_P = K_e e^{-\tau_e s} \frac{T_L s + 1}{T_1 s + 1} \tag{1-1}$$

式中:K_e 为驾驶员增益;τ_e 为驾驶员等效反应时间延迟;T_L 为驾驶员超前(Lead)补偿时间常数;T_1 为驾驶员滞后(lag)补偿时间常数。

2. 拟线性驾驶员模型

为了更合理地描述驾驶员的控制行为,McRuer 提出了拟线性模型。该模型对线性模型做了如下修正:

① 驾驶员本身存在一个相当于随机噪声或剩余发生器的生理机构,以表征线性响应和真实响应之间的差别。

② 只要飞行任务和被控对象不变,描述驾驶员控制行为模型的参数也不变。

这个包括剩余作用的驾驶员控制行为模型就称为拟线性驾驶员模型,模型结构如图 1-8 所示。

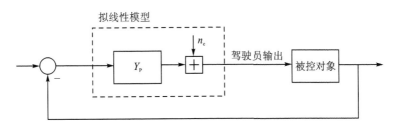

图 1-8　包含拟线性驾驶员模型的人机系统结构

在拟线性驾驶员模型的基础上,McRuer 改进了直觉驾驶员模型的形式。改进模型主要描述了驾驶员对系统补偿的功能,并不解释驾驶员形成控制的机理,因此称为功能驾驶员模型(Function model)。

虽然有关 McRuer 模型的研究已经很成熟,但由于驾驶员模型是一个自适应模型,其参数会随被控对象和指令输入的不同而有所不同。目前这方面的应用研究主要还是结合具体的飞机和飞行任务。本书将在第 6 章详细介绍 McRuer 模型。

3. 结构驾驶员模型

20 世纪 70 年代末至 80 年代初,出现了基于人体学和生理学研究的结构驾驶员模型(Structural pilot model)。在此之前的驾驶员模型只能从整体上了解人的动态特性,而结构驾驶员模型试图从人体的子系统上描述驾驶员的行为,从而得到子系统与系统间的内在联系。

在人机控制动力学研究领域,依据人形成控制的机理,结构驾驶员模型被分为三个部分,从驾驶员环节的输入到输出依次为感受机构、中枢神经系统及神经肌肉系统,模型结构如图 1-9 所示。最具代表性的结构驾驶员模型是 Hess 先后提出的一系列模型。20 世纪 80 年代初,Hess 就根据人的控制形成机理提出了几种简单的传递函数形式的模型。80 年代中期,Hess 基于上述模型建立了评价任务难易程度的飞行品质评价指标。90 年代后期,Hess 又提出了一个改进的、较为通用的驾驶员模型,其中通过几个开关的切换来灵活变换模型的结构。

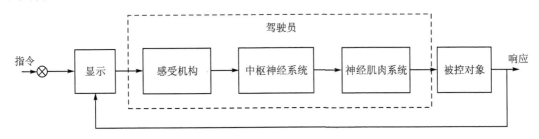

图 1-9　包含结构驾驶员模型的人机系统结构

关于结构驾驶员模型的应用,并不像 McRuer 模型那样简单,仍然存在如下问题:

① 与 McRuer 模型相比,结构驾驶员模型包含了更多的参数。不仅模型的形式会随被控对象特性的变化而变化,模型的参数也会随被控对象变化。

② 结构驾驶员模型用于驾驶员工作负荷的评价已经得到实验验证,其工作负荷是通过驾驶员的内反馈信号来体现的。

本书将在第 6 章详细介绍结构驾驶员模型的应用及模型改进。

1.2.2 基于现代控制理论的驾驶员模型

随着现代控制理论的发展,驾驶员模型出现了多输入、多输出的状态空间描述形式。

最优驾驶员模型

20 世纪 70 年代初,Baron、Kleinman 等人基于现代控制理论,提出了人的最优控制模型(Optimal Control Model,OCM)。随后,Kleinman 等人继续发展和完善了该模型的算法。这标志着控制行为模型化的重大进展,将单自由度的补偿控制任务扩展到了多回路控制。

OCM 模型的基本假定是:经过训练的驾驶员,在力所能及的范围内,其控制行为接近最优。该模型的理论基础是 Kalman 最优滤波和最优二次调节器控制。基本思想是,驾驶员根据观测飞机运动变量的输出,按线性最优滤波的方式提取状态变量,按最优二次调节器给出反馈控制。最优驾驶员模型的结构如图 1-10 所示。

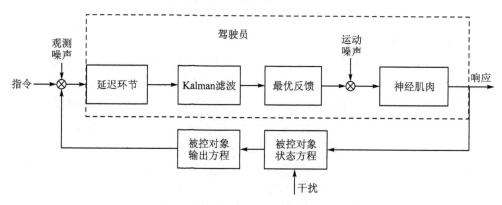

图 1-10 包含最优驾驶员模型的人机系统结构

在图 1-10 中,延迟环节代表驾驶员大脑反应的时间延迟,可以表示为 $e^{-\tau_d s}$;神经肌肉环节代表驾驶员执行操纵动作的动力学特性,可用一个惯性环节 $1/(\tau_N s+1)$ 表示。延迟环节和惯性环节均描述驾驶员的固有特性,其参数不随飞机被控对象的变化而改变。一般认为,$\tau_d \approx 0.15 \sim 0.25\ \text{s}$,$\tau_N \approx 0.1 \sim 0.3\ \text{s}$。Kalman 滤波代表驾驶员根据观测变量估计系统状态变量的过程,此过程按照线性最小方差估计。最优反馈增益按照线性最优状态调节器确定。Kalman 滤波的状态变量估计和最优反馈增益矩阵与被控对象的动力学特性有关,体现驾驶员对被控对象的自适应性。在最优驾驶员控制模型中,人机动力学耦合关系表现为驾驶员采取线性最小方差估计得到状态变量,按照二次线性最优状态调节给出控制指令。

本书将在第 7 章详细介绍最优驾驶员模型的数学表达与应用。

1.2.3 基于智能控制理论的驾驶员模型

近些年来,随着智能控制技术的广泛应用,智能驾驶员模型得到了相应的发展。这类模型基于智能控制理论来建立模型,例如模糊控制模型和神经网络模型。

1. 模糊驾驶员模型

模糊系统研究是建立在"模糊集（Fuzzy Sets）"基础上的理论。模糊系统所特有的性质，不仅在于概率意义下的不规则性，更由于识别分类上的不分明性而存在所谓的"模糊性"。例如，驾驶员在完成飞行任务时，驾驶员的输入来自视觉（仪表、视景）、听觉、触觉（杆力）、运动惯性等。驾驶员根据这些输入信息，凭借以往训练的经验，形成概念、判断、推论、决策，最后做出控制行为，即为驾驶员输出。显然，驾驶员的输入、输出信息和判断、推论、决策过程不可能是完全精确和确定的。例如，在最简单的俯仰跟踪任务中，驾驶员为了保持指令俯仰角，通过地平仪判断飞机实际俯仰角与指令的差别，根据误差大小进行控制。他（她）不可能每时每刻读取地平仪的精确指示，也不能给出完全精确的杆力和杆位移，而是"抬头明显"则"多推驾驶杆"；"抬头量小"则"少推驾驶杆"。这种对输入信息的识别和控制行为都是具有模糊性的。驾驶员根据偏差的大小来改变控制策略，对偏差的识别存在模糊性。

基本的模糊控制模型结构由模糊产生器、模糊推理、模糊规则库、模糊消除器四部分组成，如图 1-11 所示。

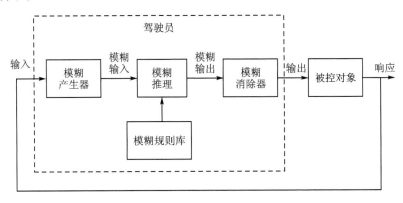

图 1-11　包含模糊控制驾驶员模型的人机系统结构

驾驶员作为一个模糊子系统，其核心是模糊控制规则库。该规则库是根据驾驶员的实际操纵经验所建立的"知识库"。模糊推理是根据模糊规则，将输入空间上的模糊集合映射为输出空间上的模糊集合，它描述驾驶员的推理、决策过程。模糊产生器是完成输入空间上的精确量（例如地平仪的指示）到输入空间上模糊量的映射，称为模糊量化（Fuzzification）。模糊消除器完成输出空间上的模糊量到精确量的转换，称为非模糊量化（Defuzzification）。驾驶员的肌肉神经接受了来自中枢神经的模糊决策，由神经肌肉系统输出杆力。

模糊驾驶员模型虽然已经在驾驶员建模、模拟器评估、动态多属性决策等领域得到了应用，但它也存在一些不足。例如，模糊控制系统有许多设计参数，因此，在实际应用中，模糊性用于体现驾驶员模型的局部特性，例如感知。设计和调试可能需要很长的时间。尤其是当规则数量非常多时，确定规则可能会很困难。

2. 神经网络驾驶员模型

在研究不同被控对象的驾驶员行为时，仿真结果表明，当被控对象难以控制，或进行双通道控制时，任务难度增加。此时驾驶员行为表现出较明显的非线性特征。而神经网络模型突出的优点之一是适合于非线性逼近，因此研究人员提出了神经网络模型的建模思想。

图 1-12 所示为一个 BP 神经网络驾驶员模型结构。该模型由隐层神经元和输出层神经元组成,各神经元之间通过信号线单向传递信号。每个神经元由输入权值、阈值和激活函数构成,激活函数可以是线性或非线性的。理论上讲,如果神经元的数量足够多,即模型的可调参数足够多,则该神经网络可以逼近任何非线性函数。但神经网络模型的缺陷在于各参数的物理意义不明确,直接用于飞行品质评价存在困难。

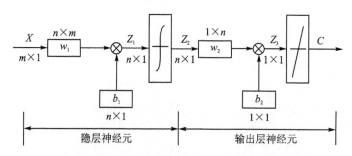

图 1-12 BP 神经网络驾驶员模型结构

神经网络驾驶员模型最初被用于构建驾驶员预识别和在线学习控制模型,神经网络感知器模型被用于研究驾驶员的感受特性。

本书将在第 8 章详细介绍智能驾驶员模型框架和建模思路。

近几年,自动化和智能化成为现代机器复杂动力学系统的重要特征。在现代飞机上广泛采用了自动化飞行系统。自动化技术的应用在减轻驾驶员四肢工作负荷的同时,使驾驶舱资源越来越丰富,这对驾驶员的理解、判断和决策能力提出了更高的要求,也带来了模式认知(Mode awareness)所造成的安全隐患。这类驾驶员模型针对监控自动化的管理和决策行为,属于按钮操作或键盘操作。模型采用管理领域的排队和决策理论,模型的应用是面向驾驶舱资源的优化配置以及自动化飞行训练。因为现代飞行品质的概念不仅限于飞机的稳定性和操纵性,而且在广义上定义为驾驶员完成任务的精确程度和难易程度。因此,驾驶舱资源的配置问题与飞行品质密切相关,在这个意义上各类驾驶员模型都用于飞行品质研究。

练 习 题

1. 驾驶员-飞机系统的结构演变有何特征?
2. 人的控制行为能够数学模型化的基础是什么?建立驾驶员模型有何意义?
3. 列举用于飞行品质研究的各种驾驶员控制行为数学模型,简述建模理论和模型结构。

第 2 章　驾驶员感知与人机界面设计

在人机系统中,人与机器之间的相互影响和相互作用是通过人机界面来实现的。人机界面(Human Machine Interaction,HMI)是人与机器之间传递、交换信息的媒介,是机器系统的重要组成部分。它实现信息在人与机器之间的传递。友好的人机界面会帮助人更简单、更准确、更迅速地操纵机器,也能使机器发挥最大的效能。

驾驶员-飞机系统中的人机界面主要包括驾驶舱内的显示装置(仪表、平显和视景等)和控制面板(操纵杆/盘、油门杆、脚蹬以及模式选择按键等)。它们分别是驾驶员的输入(Input)界面和输出(Output)界面。随着飞机自动化程度的提高,驾驶员-飞机系统的人机界面日趋复杂。驾驶员的工作负荷不再是操纵力的大小,而开始变为信息量过多、控制量过多,这对驾驶员提出了更高的要求。国内外飞行安全统计数据显示,驾驶员行为正在成为影响飞机性能发挥和安全飞行的重要因素。现代飞机设计的基本原则是以人为中心,体现"人机一体化"思想。在驾驶舱人机界面设计等方面更需要考虑驾驶员的特性和需求。驾驶舱资源管理是现代驾驶员面临的问题,也是飞机设计面临的问题。

为了设计友好的人机界面,首先需要了解人作为生物个体的相关特性。本章着重介绍驾驶员的感知特性,在此基础上探讨驾驶员-飞机系统研究中的人机界面设计问题,包括座舱的显示界面、操纵杆等,这也是驾驶员模型研究的基础。

2.1　感觉的形式及其在控制中的作用

感觉是人对客观世界的主观映像,是人的意识与外部世界的直接联系。视觉、听觉、味觉、嗅觉和触觉是人类最基本的五种感觉。此外,还有其他一些感觉,例如通过位于内耳的前庭器官可以感觉位移加速度和旋转角速度、角加速度等。

根据刺激源和感受器所在的部位,人类的感觉器官可以分为以下几类:

① 外感受器(Exteroceptors):位于身体表面感受外界环境变化的器官,例如皮肤能够感受痛、痒、冷、热、触等。

② 遥感受器(Teleceptors):眼、耳、鼻等能够提供离身体较远的环境变化信息。

③ 本体感受器(Proprioceptors):在肌肉、肌腱、关节和前庭器官中发出身体在空间所处的位置和运动信息。

④ 内感受器(Interoceptors):即内脏感受器,能够传导来自内脏器官的冲动。

一般情况下,各种感觉是组合协同起作用的。例如,外感受器和本体感受器组合起来感知环境变化;遥感受器和本体感受器组合起来感觉身体的运动平衡及维持一定的姿势等。日常活动中各种感觉器官获得的信息是多余度的。因此,当人类失去某种感觉时,可以通过其他形式的感觉获得某种程度的补偿。例如,盲人失去视觉后,可以开发听觉、触觉进行补偿,盲人的听觉、触觉更灵敏。

人的感觉器官从形成控制的角度看,相当于"测量元件"。该元件可以视作一个输入、输出换能器。这种换能作用一般不呈线性关系,从物理刺激到感觉往往呈现幂函数形式的转换。需要指出的是,大脑处理各类信息的机制部分存在于感觉器官中,因此感觉器官具有大范围的动态特性、复杂的适应和图像识别能力,并不只起换能作用。

驾驶员是通过感觉器官获得飞机飞行状态、环境变化等信息的。提供驾驶员输入、输出信号的感觉主要包括视觉、听觉、触觉和运动感觉。换能器的特征数值将影响驾驶员模型的参数和输入输出界面设计。下面分别介绍各种感觉器官的反馈特性。

2.1.1 视 觉

在大多数控制任务中,驾驶员主要依赖视觉显示获得与控制有关的输入信息。大多数驾驶员模型也是描述驾驶员根据视觉显示执行控制行为的特性。一般情况下,从物理刺激到生理感受之间的转换是非线性的,但对距离的视觉显示与生理感受之间的转换却近似为线性关系,这可能是由于一些参考物起了相当于尺子的作用。至于其他视觉感受,例如亮度及色彩等则与物理刺激成幂函数关系。

驾驶舱里的视觉显示设备包括飞行仪表、综合平显、地景、照明、指示灯等,它们是用来显示飞机的工作和运动状态的。

2.1.2 听 觉

驾驶员利用听觉反馈的实例有很多,例如驾驶员可以通过声音感受发动机的工作状态,从而获得飞行速度的变化信息;驾驶员还可以与地面进行通话,接受地面指挥信号。曾有实验证明,对于稳定转弯,驾驶员对听觉信号提供的信息如同视觉信息一样,能够完成控制任务。如果驾驶员一方面有目视仪表指示信息,另一方面又有听觉信息,例如纵向位置由目视仪表指示,而机头指向则由听觉信息获得,其控制效果比两种信息都用目视仪表指示好。这说明,驾驶员的目视和耳听是并行作业的,并且目视到耳听的开关转换速率胜过目视到目视的转换速率。

2.1.3 触 觉

触觉主要来自皮肤感受的压力变化。利用触觉反馈在人机系统控制回路中可以提供一些好处,例如,与操纵手柄紧挨着的皮肤触觉可直接引起相邻骨骼肌肉的条件反射,改善控制效果。在传统的机械式操纵系统中,操纵手柄上的杆力与舵面铰链力矩成正比。这种附加的触觉感受可以加深驾驶员对控制的感受。

驾驶员对过载的感受,部分也来自触觉,例如座椅的反作用力。

2.1.4 运动感觉

位于人体内耳的前庭器官是主要提供运动信息的感觉器官。前庭器官中有三个正交的半规管,是用来感受旋转(角)加速度的;而由球囊和椭圆囊组成的耳石器官则用来感受位移(线)加速度。刺激前庭器官能够使人产生运动感觉并及时调整各部位的肌紧张,调整姿势平衡或做出准确的反应。过强的前庭器官刺激作用(强度过大或持续时间过长)有时会引起视觉、听觉和触觉的功能错乱,产生头晕的感觉;肌紧张改变,影响动作的协调性;自治系统功能错乱,会引起恶心、呕吐等所谓晕车、晕船、晕飞机等症状。但如果没有前庭器官的刺激作用,会使驾驶员的运动感觉缺失,从而影响驾驶员执行控制任务。例如,在固基模拟器上进行驾驶员在环仿真实验时,驾驶员的控制行为与实际飞行时存在明显的差别,更容易产生超调响应。

在所有感觉中,视觉信息是最重要的,人所接受的信息约有 70% 来自视觉,驾驶员也主要依赖视觉获取飞行状态及环境变化信息。当然,也不是所有的信息都依赖于视觉。驾驶员的各种感觉器官的功能不是独立的,而是协调、互补的关系。例如,发动机出现故障的情况,既可以通过指示灯显示给驾驶员,驾驶员也可以通过听觉获知。协调配置各感觉器官所接受的信息量涉及驾驶舱人机界面设计。

2.2　人工控制任务的分类与视觉显示

驾驶员操纵控制杆、脚蹬和油门的行为称为人工控制,它具有连续动力学特性,是最基本的驾驶员控制行为。

按照驾驶员控制的通道来划分,人工控制可分为单通道控制和多通道控制。使用单个控制面板对飞机实施控制的任务属于单通道控制,例如驾驶员用升降舵控制飞机的俯仰姿态。而多通道控制通常使用多个控制面板实施控制,例如使用副翼和方向舵协调控制飞机转弯。由于涉及注意力分配、多通道耦合等问题,多通道控制要比单通道控制复杂得多。

按照输入和输出关系来划分,人工控制又可分为单输入单输出、单输入多输出、多输入单输出和多输入多输出控制任务。例如:仅通过油门控制飞机的航迹倾角,属于单输入单输出控制任务;通过升降舵控制飞行迎角,从而改变飞行速度和航迹倾角,属于单输入多输出控制任务;通过副翼、方向舵协调操纵实现绕飞行速度矢量的滚转角速度控制,属于多输入单输出控制任务;而通过油门及升降舵协调操纵改变飞机的迎角、飞行速度以及航迹倾角等,属于多输入多输出控制任务。

按照驾驶员输入信号的显示形式划分,人工控制包括补偿、追踪、预见和预识控制。下面以单通道控制为例分别加以说明。

2.2.1　补偿控制

单通道补偿控制(Compensatory control)系统结构如图 2-1 所示。图中,c 是指令信号,代表人机闭环系统期望的理想输出;y 是闭环系统的实际输出;e 是误差信号,即指令信号与实际输出的差值,$e = c - y$;u 是驾驶员的控制输出。对应单通道俯仰角跟踪的补偿控制任务时,ϑ_c 为指令俯仰角,ϑ_r 为实际俯仰角,ϑ_e 为俯仰角误差,u 具体表现为驾驶杆位移或杆力。

在补偿控制任务中,驾驶员的输入信号仅为误差信号 e,如图 2-2 所示,其中横线为基准线,圆点描述误差 e。驾驶员的控制目的就是要消除误差,使圆点落在横线上,保持预定的飞行状态。补偿控制是最简单的一类单输入单输出控制任务。

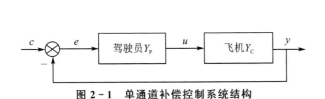

图 2-1　单通道补偿控制系统结构

图 2-2　补偿控制任务下的输入界面

2.2.2　追踪控制

单通道追踪控制(Pursuit control)系统结构如图 2-3 所示。由图可知,追踪任务中的驾驶员是根据指令信号 c 和输出信号 y 实施控制的。例如,在空战瞄准捕获任务中,驾驶员需要关注飞机自身的飞行状态,而不仅仅是状态误差。

在追踪控制任务中,驾驶员有两个输入信号,即指令信号 c 和输出信号 y,如图 2-4 所示的基准线上的两个圆点。驾驶员的控制目的就是要使飞行状态按照指令的要求变化,即用信号 y 追踪信号 c,使两个圆点重合。由于指令信号 c 是随时间变化的,在飞行过程中驾驶员需要同时关注信号 c 和 y 的变化情况,并通过计算其差值,做出相应的控制动作。追踪任务比补偿任务难度更大。

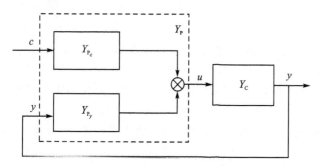

图 2-3　单通道追踪控制系统结构

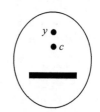

图 2-4　追踪控制任务
下的输入界面

2.2.3　预见控制

单通道预见控制(Preview control)系统结构如图 2-5 所示。由图可知,预见控制任务给驾驶员提供了指令信号 c 在未来一段时间内的变化情况,使驾驶员能够提前获得指令信息。在实际飞行任务中,驾驶员根据敌机当前的飞行状态预计其大致的飞行轨迹,就属于这种情况。

在预见控制任务中,驾驶员也有两个输入信号,分别是指令信号 c 和输出信号 y,只不过在指令信号 c 的显示中给出了预示未来一段有限时间内的采样信息,如图 2-6 所示。驾驶员的控制目的与追踪控制类似,就是使飞行状态按照指令的要求变化,即令输出信号 y 与指令信号 c 重合。与追踪控制相比,这种控制相当于引进了输入信息的微分项,操纵效果更好。

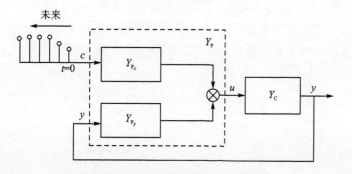

图 2-5　单通道预见控制系统结构

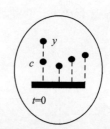

图 2-6　预见控制任务下的输入界面

2.2.4　预识控制

单通道预识控制（Precognitive control）系统结构如图 2-7 所示。在预识控制任务中，驾驶员可以根据对输入信号的统计知识，判断其后的大致规律，例如输入幅值不会超过某值，或某种形式的输入往往紧接着另一种形式的输入等。

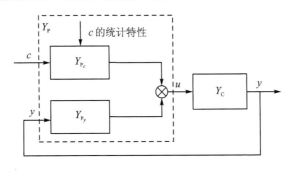

图 2-7　单通道预识控制系统结构

在预识控制任务中，驾驶员的输入形式与追踪控制相同，包括指令信号 c 和输出信号 y，如图 2-4 所示。不同之处在于，通过对指令信号的统计了解，获得其相关统计特性，可以帮助驾驶员实施控制。驾驶员的控制目的也与追踪控制类似，要使飞行状态按照指令的要求变化。

预识控制与程序控制有相似之处，程序控制是事先规划好的，例如空投、起飞和着陆；预识控制并非事先规划，而是根据具体情况临时决策的，例如飞机遭遇紊流影响的情况。

2.2.5　先进显示技术

视觉信号对驾驶员的操纵最为重要。如何在驾驶舱中分配信息资源，改进驾驶员的操纵效果，是人机系统视觉输入界面设计的核心。目前，对于驾驶舱视觉界面的优化主要体现在预见控制任务中的预显示技术以及综合与征召显示技术。

1. 预显示技术

如前所述，在预见控制任务中，驾驶员能提前获得未来输入的一些信息。利用这些信息，驾驶员可以提前规划决策控制行为，并在实施过程中随机修正控制误差，根据新获得的信息还可以继续规划决策。

利用预显示技术可以在预见控制任务中为驾驶员提供未来一段时间内的指令信号。预显示技术有以下几种实现方式：

（1）加快显示（Quickened displays）

当被控对象不稳定时，根据线性系统理论，可以在前向或/和反馈回路中加进超前项，相当于提前相位，使闭环系统稳定。添加输出信号 y 的各阶导数信息后的输出加快显示为

$$y_{fast} = a_0 y(t) + a_1 \dot{y}(t) + a_2 \ddot{y}(t) + a_3 \dddot{y}(t) + \cdots \tag{2-1}$$

式中：$a_0, a_1, a_2, a_3, \cdots$ 为权系数，其选择与被控对象及给定系统的性能指标有关，此外也与输入指令信号 c 有关。

值得指出的是,这种加快显示是"不真实"的,只是添加各种输出高阶导数后的综合输出显示。如果系统运行需要真实的输出,则应将真实输出单独显示出来。

（2）用 Taylor 级数展开预测

根据 Talor 级数展开

$$y(t+\theta) = y(t) + \dot{y}(t)\theta + \frac{1}{2!}\ddot{y}(t)\theta^2 + \cdots \qquad (2-2)$$

可按 t 时刻的 $y, \dot{y}(t), \ddot{y}(t), \cdots$ 等外推出 $t+\theta$ 时刻的 $y(t+\theta)$。如只取级数的前两项,则相当于引入一个超前补偿环节 $(1+s\theta)$。

用 Talor 级数展开预测,相当于引入一个超前补偿环节,形式类似加快显示。但 Talor 级数展开具有明确的预测关系,不像加快显示中的加权系数,物理意义不清晰。

（3）超实时模型预测

另一种增强驾驶员控制能力的方法是采用快时模型显示。具体方法是,采用模型系统模拟被控对象动力学特性,改变其模拟时间尺度,使其输出显示较实时输出显示快得多,从而提供驾驶员预见显示信息,帮助驾驶员进行最优控制。这项技术也可用于改进模拟器延迟问题,提高仿真的逼真性。

2. 综合及征召显示

目前提供控制所需信息的各种仪表,已趋向于以数字、符号、线段和图形构成统一的显示图像,在电子屏上综合反映出一组信息。这种做法不仅减小了仪表板的尺寸,并且由于视角小,比较各种信息相当方便,大大减轻了驾驶员获取必要信息的工作强度。

这类综合显示,实质上相当于机载计算机处理各种有关信息后的终端数据——图像显示设备。通过软件,可以实现显示信息的合理组合。在不同飞行阶段可显示与此任务有关的信息,其他信息则储存在计算机中,必要时随时可以调出。当飞行状态改变时,显示图像可人工或自动切换。通常画面信息显示的布置要考虑到驾驶员的生理条件及完成任务所需的最低数目显示量。此外,按需要还可显示各子系统的工作情况,有效地解决了信息量不断增多与仪表板面积有限的矛盾。为了防止综合显示仪出现故障,常采用余度技术,即主要显示仪有一定数量的备份。

综合显示的本质是机载计算机处理各种有关信息后终端数据的合理组合。电子综合显示仪包括:平视显示器、飞行参数综合显示仪、导航参数综合显示仪、地图显示仪、多功能显示仪等。

平视显示器是将驾驶员所需信息(来自机载计算机处理后的字符和图形),由电子部件显示图像,经光学系统准直后,投影到驾驶员前方半透明、半反射的玻璃显示屏上。驾驶员一方面可以看到机外景象,同时也能看到玻璃屏上显示的信息,解决了看外景时无法看仪表或反过来看仪表时无法看外景的矛盾。不过,此种显示器的显示量不宜过多,显示亮度也要适中,这可通过控制装置调节。这种装置原用于攻击瞄准,现已扩大到起飞、着陆、巡航、地形跟踪等多达数十种显示模式。

在现代飞机系统中,有时驾驶员需要了解一些子系统的情况,可以通过征召(Call up)方式由计算机提供相应的信息显示,包括不同的飞行阶段显示与任务有关的信息,例如起飞、着陆、空中巡航、空战等;并且按需要可随时调出各子系统的工作状况,例如发动机系统、自动驾驶仪系统、电源系统等。

图 2-8 所示为应用预显示技术进行驾驶员视觉界面优化的驾驶舱平视显示设计。平显上给出了要求的飞行轨迹变化趋势(Command flight path),驾驶员提前获得了飞行轨迹控制需求,仅需要控制飞机沿着指示的通道(Tunnel)飞行即可。

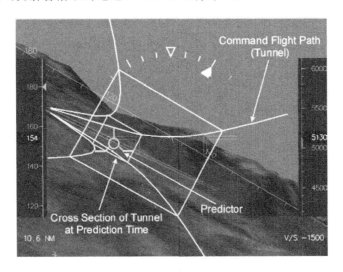

图 2-8　预显示技术在驾驶舱平显界面中的应用

2.3　操纵杆设计

操纵杆(盘)、脚蹬和油门等作为飞机与驾驶员的连接界面,是驾驶员将指令传递给飞机飞行控制系统的主要方式。操纵杆作为驾驶员实施操纵的执行机构,其特性将直接影响驾驶员-飞机闭环系统特性。研究操纵杆技术,对抑制不良人机耦合、改善飞行品质有较大的潜力。本节主要介绍飞机操纵杆的发展历程和技术特点。

按照操纵杆的发展历程,可以将其分为传统操纵杆、侧杆、主动侧杆和智能操纵杆。

2.3.1　传统操纵杆技术

早期的操纵杆通过机械式电缆、推拉杆等直接连接到舵面,称为机械式操纵,其操纵系统结构如图 2-9 所示。在机械操纵系统中,操纵杆力和杆位移通过机械系统传递到舵面,控制舵面偏转。驾驶员的操纵力主要用于克服舵面铰链力矩,因此驾驶员能够通过操纵杆感受舵面的气动特性。此时,飞机通常会采用中间杆式或盘式操纵。

随着飞机尺寸的增大和飞行速度的提高,飞机舵面上的铰链力矩迅速增加,驾驶员作用在操纵杆上的力也随之增加,使驾驶员难以承受。为了减轻操纵杆力,早期的设计是通过气动补偿来减小铰链力矩的,例如使用伺服片或移动铰链轴。此时,驾驶员仍保持与舵面的直接连接。随着飞机速度的进一步提高和全动平尾的采用,早期的补偿技术不足以解决过大的舵面铰链力矩问题,因此出现了助力系统,由助力器来克服部分或全部铰链力矩。随着电传操纵技术的发展,人们开始开发全动力舵机,也就是无回力操纵系统。

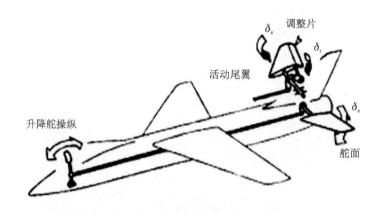

图 2 - 9   传统操纵杆系统示意图

2.3.2   侧杆技术

无回力助力系统和电传操纵在航空领域的应用,使移除传统的中央操纵杆或操纵盘,改用小型输入装置成为可能。侧杆或侧置手柄(Sidegrip)最早被用于空中客车的 A320 上。自从美国的 F16 战斗机使用了侧杆之后,F 系列飞机一般也都采用了侧杆操纵。

与传统的中央杆相比,侧杆操纵可以更为有效地利用座舱资源,改善驾驶员的视野,并且侧杆操纵系统质量轻、结构简单。由于侧杆较常规中央杆的行程小,因此可以将飞机的座椅角度后倾,从而提高驾驶员的抗过载能力。基于电传操纵特点,侧杆与舵面之间没有传统的机械连接,舵面上的气动力不再传递给驾驶员。为了给驾驶员提供力的操纵感觉,侧杆通常带有人感系统,类似一组弹簧来提供力感。

应用侧杆的人机系统结构如图 2 - 10 所示。由图可知,驾驶员的作用力 F 是侧杆的输入信号;多数情况下,杆位移 δ 是飞机的控制输入信号。侧杆的人感系统提供与杆位移成固定比例的电信号输出给驾驶员。

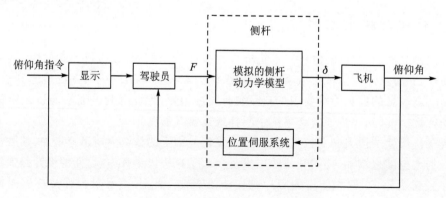

图 2 - 10   侧杆引导下的人机系统结构

2.3.3   主动侧杆技术

由于侧杆切断了驾驶员与飞机舵面之间的机械连接,使驾驶员缺少了对舵面气动特性的感知,例如舵面失速。这部分信息的缺失会使驾驶员对飞行状态的情景意识(Situational awareness)减弱。

　　驾驶员对力的感觉是非常自然、迅速的,尤其在高负荷状态下。在侧杆上附加力的反馈信息能够在不增加精神负担的基础上,增强驾驶员的情景意识和可接受性。如果同其他提示(视觉、运动、声觉)结合,附加的触觉提示能够提供给驾驶员更为完整的飞行状态信息。由此提出了主动侧杆的概念,在此之前发展的侧杆称为被动侧杆。主动侧杆能够提供附加的力反馈,具有增强人机交互性以及提高驾驶员情景意识的作用,因此引起了更为广泛的关注。

　　主动侧杆控制器结构如图 2 - 11 所示。与被动侧杆相比,主动侧杆在每个运动轴上都有伺服舵机,通过与飞机状态信息相关的电信号控制人感系统特性。此时,杆力信号 F 作为飞机的输入信号,飞机的输出作为侧杆位移伺服器的反馈控制信号。

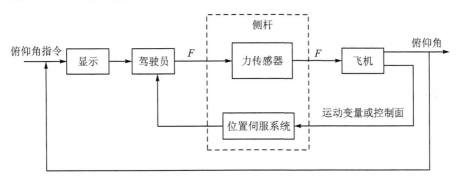

图 2 - 11　主动侧杆引导下的人机系统结构

　　主动侧杆的人感系统能够随飞行状态的变化而变化。在主动侧杆引导的人机系统中,飞机的当前状态信息将被提供给主动侧杆,以调整杆力/杆位移梯度。因此,驾驶员通过操纵手柄触觉的反馈信息,即可获得一定的飞行状态信息,进而达到更好的控制效果。除此之外,主动侧杆还能实现以下功能:

　　(1)双侧杆的联动

　　主动侧杆能够通过伺服器的联动,实现侧杆的位置跟随功能。当一个侧杆偏转一定的角度后,另一个侧杆跟踪这个偏置,即在双侧杆的座舱中,当一个驾驶员操纵一个侧杆时,将会在另一个侧杆上产生作用力,达到两个侧杆之间的位移跟随和力跟随的效果。由此可以解决驾驶员与副驾驶员之间操纵含糊(Ambiguity problem)的问题。这种联动仿效机械式操纵杆特性,允许驾驶员之间进行"力较量"(Force fight)。

　　通过使用电伺服舵机,侧杆之间可以通过一个位于手柄或控制板上的开关实现解耦。控制权限仍然保留在进行解耦操纵的驾驶员手中,或者转化为被动侧杆形式。

　　(2)自动驾驶仪-侧杆的联动

　　自动驾驶仪指令能够驱动主动侧杆,因此其指令及执行的控制权限可以通过视觉或触觉被驾驶员感知。

　　这种特性对于低空自动驾驶机动是非常有用的,例如自动着陆—拉平。当驾驶员很轻地握住侧杆时,就能够感受到自动驾驶仪指令产生的触觉提示。当驾驶员的作用超过自动驾驶仪指令时,压力将被作用在侧杆上,此时虽然自动驾驶仪的指令仍然存在,但是已经不再起作用。如果要切断自动驾驶仪,可以通过手柄上的按钮或控制板来实现。

（3）附加驾驶员力提示

附加力提示函数允许飞行控制计算机改变侧杆的杆力/杆位移梯度，以使驾驶员感知或反映飞机的一些运动信息。

例如，这个附加力能够反映当前飞行状态超出飞行包线的程度。超出包线越大，向飞行包线方向的附加力越大。如果驾驶员想在飞行包线外飞行，就要施加更大的力。在整个过程中，主动侧杆发信号给驾驶员并引导他的行为，但是驾驶员拥有全部控制权限。如果飞机运动超出了飞行包线，并且驾驶员没有作用力在驾驶杆上，则附加力提示信号会驱动飞机飞回到安全的包线范围内。

鉴于飞机状态是动态的，并且是飞控系统和杆指令的函数，因此驾驶员感受到的附加力也需要随时间作为飞行状态的函数而变化。

2.3.4 智能操纵杆技术

随着科技的发展，智能化是飞机控制系统的发展趋势。例如，Klyde 等人针对舵面速率限制的 Ⅱ 型 PIO 问题，提出了一个智能提示操纵杆系统（Smart-Cue/Gain system）。这种智能提示系统的设计思想是，利用一种力提示反馈给驾驶员一种力感。这种力感的提示与修正，即智能提示，给驾驶员一种"感受视景"，类似于具有反向驱动性能的操纵器。在智能提示系统中，定义了一个系统位移误差，即实际舵面位移与理想线性系统的舵面位移之差。比较系统位移误差与理想控制系统特性（例如位移滞后），当系统位移误差超过理想控制系统位移滞后时，系统会给驾驶员一个反馈力提示，即将自适应实际控制系统与理想标称系统之间的系统误差智能反馈到人感系统，给驾驶员提供触觉感知，从而引导驾驶员实施控制。试验结果表明，该操纵杆可以解决一般飞行控制系统的非线性问题，特别是与自适应控制行为相关的问题。

不良人机耦合引起的更复杂的失控问题，常常会导致飞机的严重损伤甚至发生灾难事故。针对此类问题的研究，Klyde 在 Smart-Cue/Gain 系统的基础上提出智能自适应飞行提示操纵杆系统（Smart Adaptive Flight Effective Cue system，即 SAFE-Cue 系统）。SAFE-Cue 系统包括 SAFE-Cue 系统力提示和指令路径增益调节。其中，SAFE-Cue 系统力提示将实际控制系统响应与理想标称系统响应之间的系统误差，智能反馈到人感系统，给驾驶员提供触觉感知，即起到提示力的作用，从而引导驾驶员实施控制。SAFE-Cue 系统指令路径增益调节根据系统误差进行相应的指令路径增益调整，减少控制面输入指令，从而确保飞机在故障或者损坏情况下的人机系统稳定性。

SAFE-Cue 系统可以作为一种减轻飞机失控的手段，提醒驾驶员飞行控制系统处于活动状态，并通过力反馈信号提供指导，减弱指令，从而引导驾驶员在飞控系统出现故障或失效时的操纵。以纵向飞机为例，SAFE-Cue 系统理论模型如图 2-12 所示。

在图 2-12 中，F_s 代表驾驶员的输出指令，δ_s 代表操纵杆人感系统的输出，δ_c 代表 SAFE-Cue 系统指令路径增益调节的输入，δ'_c 代表 SAFE-Cue 系统指令路径增益调节的输出，ϑ 代表飞机的俯仰角输出，q 代表飞机俯仰角速率输出，q_{Nom} 代表理想系统的俯仰角速率输出，q_{err} 则代表实际控制系统响应与理想标称系统响应之间的误差。

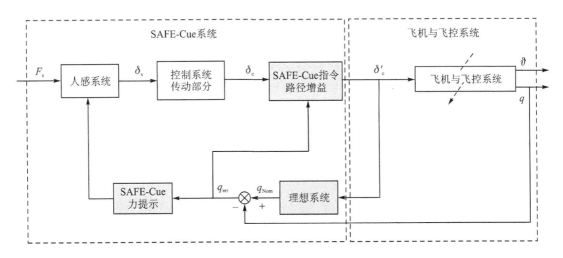

图 2 - 12　纵向飞机 SAFE-Cue 系统理论模型

目前,智能操纵杆的研究尚处于起步阶段,研究主要包括智能操纵杆基本模型的建立,并通过驾驶员在环仿真试验来验证该操纵杆的可行性。但对于智能操纵杆模型形式和模型参数的设计有待进一步研究,这对于智能操纵杆的发展和应用有着重要的实际意义。

练习题

1. 驾驶员执行操纵任务时,主要利用什么信息(包括反馈)? 一般而言以何为重?
2. 按输入显示形式分,人工控制任务可分为几类? 以单通道控制为例,加以说明。
3. 对追踪及预见显示如何进行数学模型化?
4. 试论述主动侧杆的工作特点。

第3章 人机系统实验及数据处理方法

人机系统实验,即驾驶员在环仿真实验,是对有人参与控制的人机系统进行的仿真实验。驾驶员模型的建模主要是基于人机系统实验。在飞机设计阶段,通过驾驶员在环仿真实验可以研究驾驶员的控制行为特征,分析人机耦合特性,并进行飞行品质预测,这有助于验证和评估飞机设计方案。在飞机使用阶段,可以通过驾驶员在环仿真实验对驾驶员进行训练。

本章介绍驾驶员在环仿真实验技术,包括有关飞行模拟器知识的简单介绍、设计驾驶员在环仿真实验方案需要考虑的因素、实验信号的预处理方法等,最后针对平稳信号和时变非平稳信号,介绍采用傅里叶变换和小波变换对实验信号进行分析和处理的方法。

3.1 飞行模拟器简介

与纯数学仿真相比,驾驶员在环仿真实验对仿真设备的要求更高。由于驾驶员的引入,这种仿真除了要将飞机被控对象的特性通过数学建模和编程在计算机上实现以外,还要求具备生成人感知环境的各种物理效应设备,这些物理效应包括视觉、听觉、触觉和运动感觉等。飞行模拟器能够满足上述要求,是进行驾驶员在环仿真实验必要的实验设备。

飞行模拟器由仿真计算机、模拟座舱、运动系统、视景系统、音响系统、操纵负荷系统和仿真总控台组成,系统结构如图 3-1 所示。

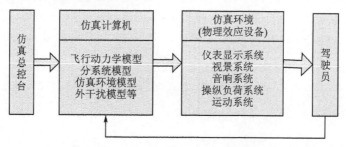

图 3-1 驾驶员在环实时仿真系统

飞行模拟器飞行动力学数学模型、各分系统模型、仿真环境模型和外干扰模型等都由仿真计算机解算,通过视景系统、音响系统和运动系统给驾驶员提供多维感知信息的仿真环境。

模拟座舱内的仪表系统实时指示或显示各种飞行参数和系统参数。视景系统模拟座舱外的景象,包括机场、跑道、灯光、建筑物、田野、河流、道路、地形地貌及活动目标(空中和地面)等,同时可以模拟能见度、雾、雨、雪、闪电等气象条件以及白天、黄昏、夜间的不同时刻景象。音响系统给驾驶员提供各种音响效果,如发动机噪声、气流噪声等。操纵负荷系统给驾驶员提供操纵载荷的力感觉,操纵载荷力随飞行速度、飞行高度、舵偏角等的变化而变化。运动系统给驾驶员提供运动感觉,目前常采用的 6 自由度运动系统能提供瞬时过载,而离心机、抗荷服、过载座椅等设备则可以提供持续过载。

飞行模拟器可以分为工程型飞行模拟器和训练型飞行模拟器两类,其基本原理和组成是相同的,但在性能和使用要求上有所区别。工程型飞行模拟器应考虑通用性,易于进行参数的修改与调整,易于获取和评估仿真结果,对所研究的项目和内容应建立详细的数学模型。而训练型飞行模拟器具体针对某一机型,座舱布局要求与真实飞机一模一样,其"飞行"特性着重要求对驾驶员操纵输入的飞行参数、操纵输出的飞机响应与真实飞机一样,即更着重要求在输入、输出的外特性上一致。

　　工程型飞行模拟器常用来研究驾驶员的控制行为,并进行人机耦合特性分析。针对研究的问题,可以选用不同的飞行模拟器。例如,为了研究人机不良耦合的产生机理,通常会将复杂的飞行任务简化处理,此时只需要使用简单的飞行模拟工作台就可以进行驾驶员在环仿真实验,如图 3 - 2 所示。如果要研究运动感觉对驾驶员控制行为的影响,则需要活动基座飞行模拟器,如图 3 - 3 所示。

(a) 莫斯科航空学院飞行模拟工作台　　　　　(b) 北京航空航天大学飞行模拟工作台

图 3 - 2　地面固定基座飞行模拟器

飞行模拟器还可以分为地面飞行模拟器和空中飞行模拟器,例如,美国的 NT - 33A 变稳飞机就是空中飞行模拟器,见图 3 - 4。它可以通过飞行控制系统设计模拟不同的飞机特性,是研究人机闭环系统特性和飞行品质的空中飞行模拟实验平台。

图 3 - 3　代尔夫特理工大学活动基座飞行模拟器 SIMONA

图 3 - 4　美国 NT - 33A 变稳飞机

3.2　实验方案设计

在进行驾驶员在环仿真实验之前,首先要根据所研究的问题设计仿真实验方案。除了需要明确是单通道还是多通道控制任务、研究的是飞机纵向还是横侧向等问题外,更重要的是选取系统指令信号和确定飞机被控对象。图 3-5 所示为单通道俯仰跟踪任务下的人机闭环系统结构图。

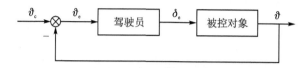

图 3-5　俯仰跟踪任务下的人机闭环系统结构

系统指令信号应根据飞行任务确定。在研究驾驶员特性时,随机指令信号经常被用来激发驾驶员的控制行为,是驾驶员在环仿真实验常用的输入指令。随机信号的带宽和强度体现了控制任务的难易程度,因此需要选择适当带宽和强度的随机指令信号。

飞机被控对象包括飞机本体动力学特性和飞行控制系统。不同的仿真实验目的,被控对象形式也会有差别。当研究驾驶员控制特性时,可以取相对简单、但有代表性的被控对象模型,例如 K、$\dfrac{K}{s}$ 或 $\dfrac{K}{s^2}$。而当进行飞机飞行品质评价时,需要针对指定的飞机,具体建立对应的飞行动力学和飞行控制系统模型。如果研究飞行品质准则,则需要从飞机构型库里选取大量典型被控对象模型,并且这些模型应兼顾各个飞行品质等级范围。

对纵向升降舵通道的控制是飞行品质研究中最基本的内容。下面以纵向单通道俯仰跟踪任务为例,对实验方案设计中需要考虑的因素给出建议。单通道人机系统结构如图 3-5 所示,图中 ϑ_c 和 ϑ 分别代表俯仰角指令和实际俯仰角;ϑ_e 代表俯仰角跟踪误差,也是驾驶员的输入信号;δ_e 代表驾驶杆位移或者舵偏角,是驾驶员的输出信号。

由于该仿真实验主要检验飞机的纵向短周期响应特性,可选用飞机的纵向小扰动运动方程作为被控对象模型,甚至可以选用仅描述飞机短周期特性的二阶模型形式。系统指令信号是由计算机生成的、具有一定带宽的随机噪声信号。由于是单通道控制任务,驾驶员的注意力仅集中在一条通道上,因此输入指令带宽可以比多通道任务更宽一些,例如 0.5 Hz。根据谐波理论,也可以将一定频率范围内的多个正弦信号叠加,构成系统指令信号。

在飞行模拟器上完成俯仰跟踪任务时,飞机的实际俯仰角 ϑ 是通过对被控对象模型的实时解算获得的,主控计算机计算俯仰角误差 $\vartheta_e = \vartheta_c - \vartheta$,并将其通过综合平显或地平仪显示给驾驶员。驾驶员利用驾驶杆或者驾驶盘实施控制,给出控制输出 δ_e。在补偿控制任务中,驾驶员的控制目的就是消除俯仰角跟踪误差 ϑ_e,从而实现对俯仰角指令 ϑ_c 的跟踪。参与实验的驾驶员应该具有基本的操纵技能,能够熟练、有效、积极地完成控制任务。

3.3　实验信号预处理

通常情况下,通过实验设备读取的实验信号并不能直接用于研究驾驶员的控制行为,还需要对实验信号进行预处理,剔除由于实验设备的噪声干扰、驾驶员操纵的不应期响应以及驾驶疲劳等因素污染的实验数据。

1. 实验样本的选取

针对给定的飞机被控对象、指定的飞行任务,往往需要进行多组驾驶员在环仿真实验,从而达到训练驾驶员操纵技能的目的。经过这个训练过程,驾驶员的控制水平得到了提高,人机系统的控制效果也越来越好。绘制连续五组驾驶员在环仿真实验的跟踪误差均方值 σ_e^2 变化曲线,如图 3-6 所示。

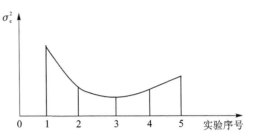

图 3-6 误差均方值与实验次数的关系

由图 3-6 可知,第一组实验的跟踪误差最大。随着驾驶员操纵技能的提高,系统跟踪误差不断减小。最后两组实验的跟踪误差再次增大,表明驾驶员操纵疲劳,影响了控制效果。在研究驾驶员控制行为特性时,建议选择跟踪误差较小的实验样本,例如图中的第三组实验。此时,驾驶员操纵熟练,并且受疲劳因素影响小。

2. 采样时间间隔的确定

实验样本采样时间间隔的大小直接影响信号的有效性。如果采样时间间隔选取过大,则不能反映信号的基本特征。以图 3-7 所示信号为例,如果采样时间间隔取为 3 s,则可能得到的信息是 $x(0)=0$,$x(1)=0$,$x(2)=0$,没有体现正弦信号的变化特征;如果采样时间间隔取为 1.5 s,则可能得到的信息是 $x(0)=0$,$x(1)=1$,$x(3)=0$,$x(4)=-1$,$x(5)=0$,基本能够描述正弦信号的变化趋势。当然,如果采样时间间隔取得更小,对该正弦信号的描述会更合理。但采样时间间隔也不能太小,否则计算量过大,有可能影响系统的实时性,并包含不必要的高频信息。

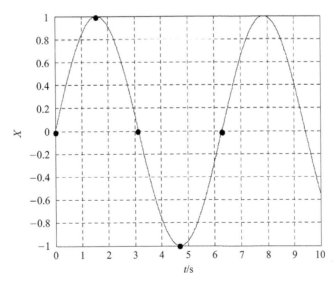

图 3-7 采样时间间隔对时域信号的影响

3. 实验时间长度的确定

为了进行统计特性分析,要求实验样本具有一定的长度,这也对实验持续的时间提出了要求。受驾驶员生理条件限制,实验时间不能太长,否则会使驾驶员疲劳,导致操纵动作不规范,规律性不好,因此需要确定一个适当的实验时间长度。大量的驾驶员在环仿真经验表明,驾驶员进行单通道俯仰跟踪任务大约持续 150 s 比较合适。

在一次驾驶员在环仿真实验过程中,驾驶员常常是在实验开始的前几秒内还不能完全适应控制任务,此时的实验数据没有规律性;当操纵过程过长时,驾驶员由于疲劳(常表现为眼睛的疲劳),动作变形,实验数据可能出现"野值",如图 3-8 所示。因此须通过实验数据的预处理剔除不合理的实验数据,选择操纵效果平稳的实验样本进行分析。

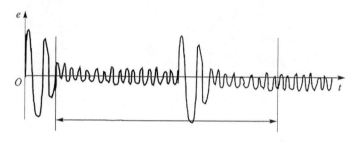

图 3-8　实验误差与实验时间的关系

4. 信号降噪处理

如果飞行模拟器所采用的人感系统杆力过轻,会导致驾驶员无意识的小动作产生电压输出,从而影响驾驶员操纵的输出特性。驾驶杆操纵的位移信号在转化为电信号时存在很大的噪声,这些噪声以随机高频的形式出现,这明显不符合实际驾驶杆的操纵情况。为了减小这些电位噪声的影响,需要进行滤波处理。要求加入的滤波环节不应使系统产生过大的时间延迟,也不应使仿真主控计算机的计算量太大,从而影响其他实时解算程序的运行。因此,在实验中可以考虑在杆位移信号输入前添加一个简单的惯性环节 $G(s)=\dfrac{1}{T_s+1}$ 来过滤掉高频噪声。

如果惯性环节时间常数 T 的选取太大,会使系统延迟增加,太小又不能起到过滤高频噪声的作用。通过对比不同滤波器常数进行仿真实验的结果,可选时间常数 T 为 0.1 s。图 3-9 所示为某机俯仰角跟踪时通过惯性环节前后的杆位移信号对比,其中实线为通过惯性环节后的信号。

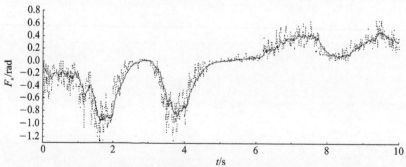

图 3-9　操纵信号的滤波处理结果

由图 3-9 可以看出,操纵信号中的高频噪声已被过滤,只保留了其中有用的操纵信号,而且产生的系统延迟也可以接受。时间常数 T 选为 0.1 s,正好与驾驶员神经肌肉系统的响应频率相当,因此在理论上也是合理的。这一实验结果对于补偿人感系统的惯性作用有实际意义。

3.4　频谱分析中的窗口傅里叶变换

在信号学中,根据信号的统计特性是否随时间改变,可以将信号分为平稳信号(Stationary signal)和非平稳信号(Non-stationary signal),如图 3-10 所示。其中,图(a)描述的是平稳信号,其统计特征不随时间改变;图(b)描述的是非平稳信号,其统计特征随时间变化。

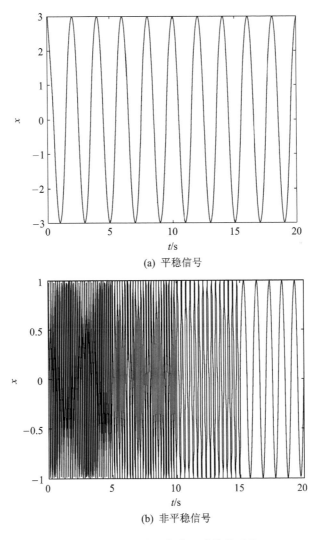

(a) 平稳信号

(b) 非平稳信号

图 3-10　平稳信号与非平稳信号对比

从广义上讲,信号的平稳与非平稳是相对的。例如,驾驶员正在执行无干扰条件下的俯仰跟踪任务,由于驾驶员的控制存在随机性,因此严格意义上系统输出的俯仰角信号是非平稳信号。但当研究驾驶员连续控制特性时,则可以把信号看成整体上的拟平稳信号。在局部化处理中,也可以将非平稳信号分成几个部分,每部分都近似为一段平稳信号。而当研究信号的边缘特性和细节特征时,例如驾驶员控制的不应期、系统突变的不应期和疲劳期等,即使信号是广义上的平稳信号,也要将其当作非平稳信号进行分析,这样才不会遗漏系统的时变特性。

信号的频谱特征往往比时域特征更为明显。从频谱上更容易区分不同的信号,尤其是当信号是由有限不同频率的周期信号组成时。对于驾驶员的定常操纵行为,其实验输出信号应属于平稳信号,可以采用频谱分析方法对实验数据进行分析。傅里叶变换是一种积分变换,其理论公式如下:

$$\begin{cases} X(\omega) = \displaystyle\int_{-\infty}^{+\infty} x(t)\mathrm{e}^{-j\omega t}\,\mathrm{d}t \\ x(t) = \dfrac{1}{2\pi}\displaystyle\int_{-\infty}^{+\infty} X(\omega)\mathrm{e}^{j\omega t}\,\mathrm{d}\omega \end{cases} \tag{3-1}$$

式中:$x(t)$ 为时域信号;$X(\omega)$ 为频域信号;$\mathrm{e}^{-j\omega t}$ 为正弦基函数。傅里叶变换可以实现信号从时域到频域的转换。

由于傅里叶变换的积分区间是正负无穷,而实际实验中的有效实验数据在时间域内的长度是有限的,为了解决这一矛盾,在实际应用中通常采用窗口傅里叶变换。

3.4.1 频谱分析中的窗函数

窗函数的定义:若函数 $g \in L^2$ 满足 $t \cdot g(t), \omega \cdot \bar{g}(\omega) \in L^2$,则 g 为窗口函数,简称窗函数。定义 (t_0, ω_0) 为窗口中心,即

$$t_0 = \frac{\displaystyle\int_{-\infty}^{+\infty} t \mid g(t) \mid^2 \mathrm{d}t}{\parallel g \parallel_2^2} \tag{3-2}$$

$$\omega_0 = \frac{\displaystyle\int_{-\infty}^{+\infty} \omega \mid \bar{g}(\omega) \mid^2 \mathrm{d}\omega}{\parallel \bar{g} \parallel_2^2} \tag{3-3}$$

定义 Δ_g 和 $\Delta_{\bar{g}}$ 为窗函数 g 的时宽和频宽,即

$$\Delta_g = \sqrt{\frac{\displaystyle\int_{-\infty}^{+\infty} (t-t_0)^2 \mid g(t) \mid^2 \mathrm{d}t}{\parallel g \parallel_2^2}} \tag{3-4}$$

$$\Delta_{\bar{g}} = \sqrt{\frac{\displaystyle\int_{-\infty}^{+\infty} (\omega-\omega_0)^2 \mid \bar{g}(\omega) \mid^2 \mathrm{d}\omega}{\parallel \bar{g} \parallel_2^2}} \tag{3-5}$$

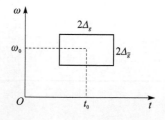

图 3-11　相平面上的窗函数

将时间 t 作为横坐标,频率 ω 作为纵坐标,构成相平面,则窗函数对应相平面上的一个矩形,矩形的中心为 (t_0, ω_0),长和高分别是 $2\Delta_g$ 和 $2\Delta_{\bar{g}}$,如图 3-11 所示。从统计的角度看,信号 g 的能量主要集中在 $[t_0 - \Delta_g, t_0 + \Delta_g]$ 区间上,其对应的频谱能量主要集中在 $[\omega_0 - \Delta_{\bar{g}}, \omega_0 + \Delta_{\bar{g}}]$ 区间上。因此,矩形的形状反映了信号 g 在时间和频率上的局部化性能。

3.4.2　窗口傅里叶变换

设 g 是窗函数，$x(t)$ 是时间域内的函数，两个函数的内积可表示为

$$\langle x,g \rangle \approx \int_{|t-t_0| \leqslant \Delta_g} x(t) \cdot g(t) \mathrm{d}t \tag{3-6}$$

为了弄清 $x(t)$ 在不同时间、不同频率上的分布，将 g 平移和调幅，表示为

$$g_{t,\omega}(\tau-t) = \mathrm{e}^{\mathrm{j}\omega\tau} g(\tau-t) \tag{3-7}$$

其中 $\tau \in \mathbf{R}$。作为窗函数，$g_{\tau,\omega}$ 所对应的相空间的矩形是 g 的矩形作 (t,ω) 的平移，函数族 $\{g_{t,\omega}(\tau)\}$ 为傅里叶变换的基函数。窗口傅里叶变换为

$$T^{\mathrm{win}} x(t,\omega) = \langle x,g_{t,\omega} \rangle = \int_{-\infty}^{+\infty} x(\tau) g(\tau-t) \mathrm{e}^{-\mathrm{j}\omega\tau} \mathrm{d}\tau \tag{3-8}$$

适当选择窗函数，使其在原点附近 $g(t) \approx 1$，则 $x(\tau)g(\tau-t)$ 便是 $x(\tau)$ 在 $t=\tau$ 附近的局部化。$|T^{\mathrm{win}} x(t,\omega)|^2$ 是 x 在时间 t 附近的频谱能量分布。这样，就克服了傅里叶变换在时域上没有局部性的缺点。应用窗口傅里叶变换对信号进行分析，相当于用一个形状、大小和放大倍数相同的"放大镜"在时-频相平面上移动，从而观察某固定长度时间内的频率特性。

若选择窗函数 g 为

$$g(t) = \frac{1}{2\sqrt{\pi a}} \mathrm{e}^{-\frac{t^2}{4a}} \tag{3-9}$$

其中 $a > 0$，则 g 的傅里叶变换为

$$\bar{g}(\omega) = \mathrm{e}^{-a\omega^2} \tag{3-10}$$

这样，窗口的形状由参数 a 决定。对实验数据进行分析时，一般是采用基于相关技术的频谱分析。选择窗口函数，就是选择参数 a。该参数的选择需要根据所处理信号的频率，参数 a 越小，$2\Delta_g$ 越窄，$2\Delta_{\bar{g}}$ 越宽。

3.4.3　平均周期图法

平均周期图法是一种信号频谱密度估计方法。由于时域信号的傅里叶变换具有周期性，因而这种频谱也具有周期性，常称为周期图。周期图是信号频谱的一个有偏估值，当信号序列的长度增大到无穷时，估值的方差不趋于零。因此，随着所取信号序列长度的不同，所得到的周期图也不同，这种现象称为随机起伏。在实际使用过程中，为了减小随机起伏，常采用平均周期图法，即先把信号序列分为若干段，对每段分别计算其周期图，然后取各个周期图的平均作为频谱的估值。

平均周期图法虽然可以减小随机起伏，但如果信号序列不是足够长，频谱估值对不同频率成分的分辨能力也会下降。一种改进方法是把加窗处理与平均处理结合起来，即先把分段的数据乘以窗函数（进行加窗处理），分别计算其周期图，然后进行平均。为了得到较好的频谱估值，加窗和平均处理均应兼顾减小随机起伏和保证有足够的谱分辨率两个方面。

在应用平均周期图法进行频谱密度估算时，选取合适的窗长度非常重要，它会直接影响频谱估值对不同频率的分辨能力。窗长度应根据频带宽度来确定，比如可以参考指令输入带宽，同时综合考虑实时仿真步长、可用的总数据长度。在应用 MATLAB 信号处理工具箱进行人

机系统频谱特性分析时,要求窗时间长度按采样点 128 的整数倍取值,例如 128,256,512,
1 024,…。一般人机系统实时仿真步长为 0.01 s 左右,按驾驶员持续操作 120 s 计算,窗长度
512 个点,相当于约 5 s 的长度,每个窗与前面一个窗重叠 256 个点,这样窗的个数为 40 多个,
也就是说,对 40 多组数据进行平均。经验表明,这样可以得到较好的统计特性。

3.4.4　基于窗口傅里叶变换的信号处理示例

本节给出一个应用 MATLAB 信号处理工具箱进行频谱密度计算的示例。

首先构建不同频率下的正弦叠加信号,如下式:

$$x(t) = \sum_{i=1}^{15} A(i) \times \sin\left[\omega(i) + \varphi(i)\right] \qquad (3-11)$$

式中,正弦信号的频率分别取为 1 Hz、3 Hz、5 Hz、7 Hz。

图 3-12 所示为正弦叠加信号在时间域内的表现形式。

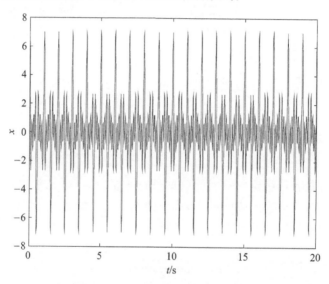

图 3-12　时域内的正弦叠加信号

应用 MATLAB 信号处理工具箱进行窗口傅里叶变换,计算 $x(t)$ 的功率谱密度。MAT-LAB 计算功率谱密度的函数为 psd,计算源程序如下:

```
Fs=100;%采样频率
L1=128;%窗长度
WINDOW=HAMMING(L1);%窗函数类型
NOVERLAP=L1/2;%窗重叠长度
[Sxx,f]=psd(x,L1,Fs,WINDOW,NOVERLAP);
```

源程序中,Sxx 为计算出来的功率谱密度,f 为对应的频率。当 L1 取为 128 时,功率谱密度的
计算结果如图 3-13 所示。

由图 3-13 可以看出,通过窗口傅里叶变换能够准确地描述信号的频域特征。傅里叶
分析提取了时域信号中的功率谱信息,让我们对信号的频率成分和各成分能量的大小一目
了然。

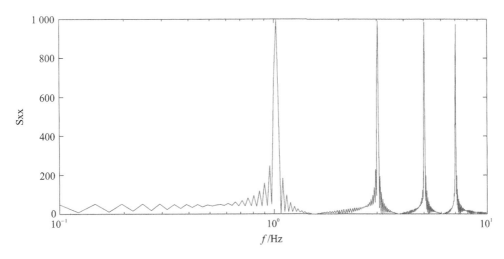

图 3 - 13 频域内的正弦叠加信号

窗口傅里叶变换在人机系统的研究中有着广泛的应用,经典的驾驶员描述函数模型就是基于窗口傅里叶变换,通过频谱分析方法建立起来的。

3.5 时频分析中的小波变换

时频分析方法主要用于时变系统的数据处理。时变系统中的信号往往都是非平稳的,传统的频谱分析方法只能对平稳信号进行描述,对非平稳信号则不能做出合理的分析。

图 3 - 14 所示为三组不同频率正弦信号按不同方式进行组合的情况。其中,第一组信号是由四个不同频率正弦信号叠加而成的,后面两组信号是按不同顺序拼接而成的。

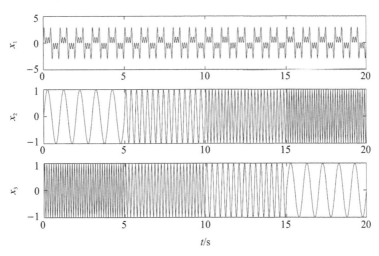

图 3 - 14 时域内三组不同正弦信号组合

应用窗口傅里叶变换对这三组时域信号进行功率谱分析,结果如图 3 - 15 所示。由图 3 - 15 可以看出,三组正弦信号组合的功率谱分析结果类似,无法从中区分它们具体对应的是哪一种组合。这是因为傅里叶变换虽然可以提取信号的频谱信息,但却无法分辨各个频率信号在哪个时间区间上,也就是不能完整解释非平稳信号的特征。

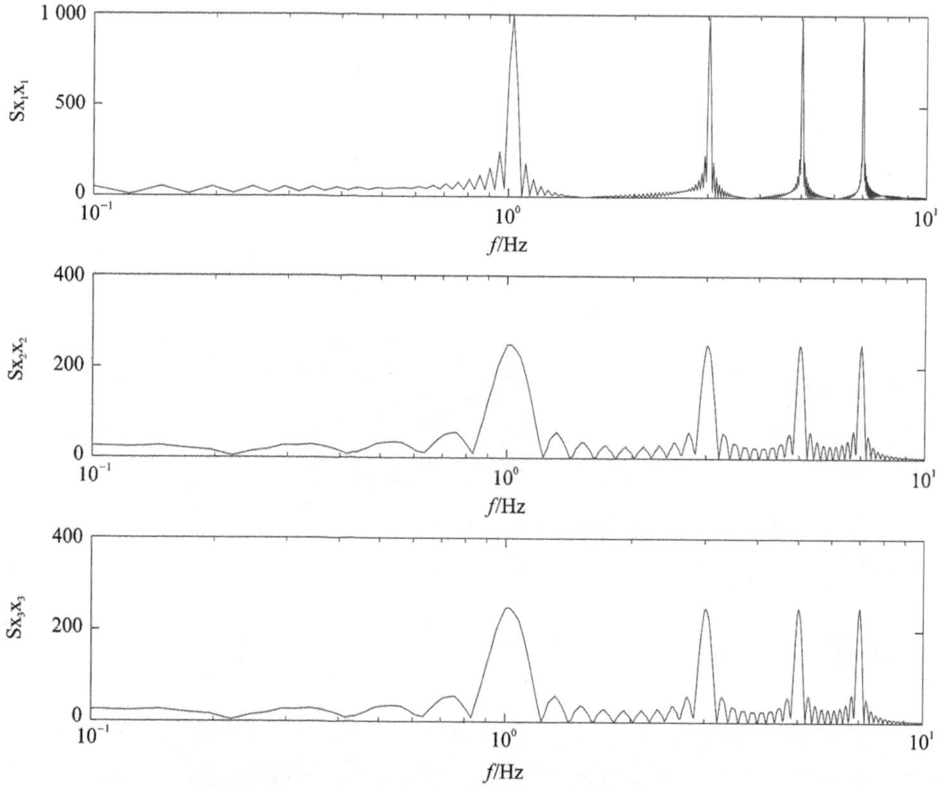

图 3-15 频域内三组不同正弦信号组合

在飞机故障、飞行模式切换等控制任务中,驾驶员的操纵行为和人机系统特性均呈现明显的时变特征。为了全面了解时变系统的非平稳特性,需要采用时频分析法。在对信号进行时频特性分析时,不但提取其频谱信息,还提取其时变特性,即分析各个频率成分是发生在哪个时段上。这样的时-频-谱分析可以更加清晰地揭示时变系统特性,是研究时变问题的重要手段。本节将介绍两种用于分析非平稳信号的时频分析方法,即短时傅里叶变换和小波变换。

3.5.1 短时傅里叶变换

短时傅里叶变换是傅里叶变换的一种数值计算方法。它能够将一维的时域信号映射到二维的时频平面上,全面反映信号的时频联合特征。

短时傅里叶变换采用一个滑动的窗函数截取信号,并认为窗内的信号是准平稳的。通过对截取的信号进行快速傅里叶变换,就可以获得信号的时频联合特征。窗口傅里叶变换如果不进行统计平均,而直接按时间顺序将频率特性依次输出,即为短时傅里叶变换。两者的运算方式完全一致,只是结果呈现形式不同。

短时傅里叶变换相当于给信号加上时窗,然后分窗口进行信号处理。对于图 3-10(b)所示的时变信号添加 4 个不重叠的矩形窗,对其进行短时傅里叶变换,可以得到如图 3-16 所示的时频计算结果。当然,窗函数不止矩形窗一种,窗与窗之间也可以重合。

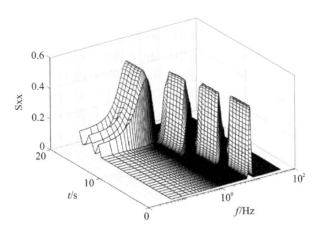

图 3 - 16　短时傅里叶变换分析正弦组合信号的时频特性

由图 3 - 16 可以看出,通过短时傅里叶变换可以得到时变信号的时频特征,即可以观察到在何时、有何种频率特征。可见,短时傅里叶变换克服了窗口傅里叶变换不能分析时变问题的缺点。

但是,在一次短时傅里叶变换中,只能选取一个固定的窗长。在由驾驶员和飞机构成的动力学系统中,不仅驾驶员和飞机的频率范围不相同,而且系统中还存在一些由飞控系统、测量装置等设备带来的高频干扰信号,因而信号带宽很大。根据海森堡不确定性原理可知,信号分析的时域分辨率和频域分辨率不可能同时提高。在信号频率范围宽广的情况下,有可能无论窗口长度怎样选择,都无法使时域分辨率和频域分辨率达到最优的状态,因而会出现时域或者频域模糊现象,这是时变系统特性分析中所不希望的。

对图 3 - 10(b)所示的时域信号进行一次短时傅里叶变换,其时频分析结果出现了时域交叠现象和频域模糊问题,见图 3 - 17 和图 3 - 18。可见,如果不改变窗长,会导致时域或者频域分辨率大小不一,所得到的时 - 频谱图模糊不清。

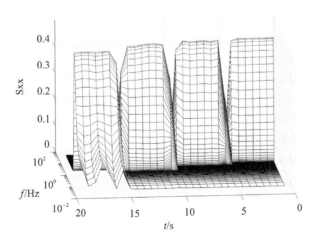

图 3 - 17　短时傅里叶变换的时域交叠现象

如果想要分析不同带宽信号的时频特征,需要选择不同的窗长进行多次短时傅里叶变换,计算过程非常复杂,并且结果也不直观。

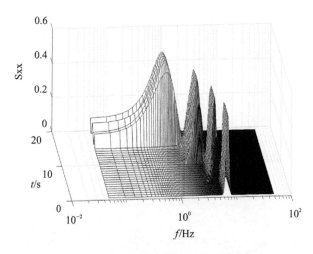

图 3 - 18   短时傅里叶变换的频域模糊问题

3.5.2　小波变换

小波变换克服了短时傅里叶变换窗长度不可改变的缺点，因而成为系统时频特性分析的有效工具。

小波变换将短时傅里叶变换中的窗函数和正弦基函数合并成一个与时间和频率都相关的核函数 $\overline{\phi(t,\tau,a)}$，其表达式为

$$\begin{cases} X(\tau,a) = \int_{-\infty}^{+\infty} x(t)\overline{\phi(t,\tau,a)}\mathrm{d}t \\ x(t) = A \iint_{-\infty}^{+\infty} X(\tau,a)\phi(t,\tau,a)\mathrm{d}\tau\mathrm{d}a \end{cases} \tag{3-12}$$

定义满足条件 $\int_{0}^{+\infty} |\Psi(\omega)|^2 \dfrac{\mathrm{d}\omega}{\omega} < +\infty$ 的平方可积函数 $\psi(t)$ 为基本小波或小波母函数，其中 $\Psi(\omega)$ 是 $\psi(t)$ 的傅里叶变换。由小波母函数生成的函数 $\psi_{\sigma\tau}(t) = \dfrac{1}{\sqrt{a}}\psi\left(\dfrac{t-\tau}{a}\right)$（$a$ 和 τ 为实数且 $a > 0$）被称为由 $\psi(t)$ 生成的、依赖于 a 和 t 的连续小波，也称核函数，其时域图像形式如图 3 - 19 所示。

作为小波变换的核函数，连续小波有两个参数 a 和 t，分别代表了小波的尺度系数和平移系数。尺度系数主要表征小波函数在时间轴上的压缩与伸展。在不同的尺度下，小波的持续时间随 a 的增大而增宽，幅度则与 $\sqrt{a}$ 成反比减小，但小波的形状不变。相比于傅里叶变换，小波变换中的尺度系数 a 可以类比成傅里叶变换中的频率。当 a 增大时，小波变宽，中心频率降低，小波振荡变平缓，适合分析低频信号；当 a 减小时，小波变窄，中心频率提高，振荡变得剧烈，适合分析高频信号。平移系数则是指小波在时间轴上的平行移动。

另外，小波函数的时窗宽度和频窗宽度的乘积存在最小值，即窗口面积一定。如果时窗宽度为 $a \times \Delta t$，则频窗宽度为 $1/a \times \Delta\omega$。

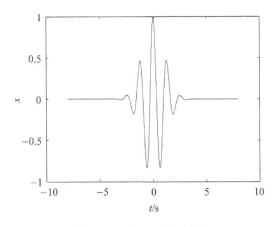

图 3 - 19　小波函数示意图

3.5.3　小波变换的窗长

　　除了基函数的形式不同外,小波变换与短时傅里叶变换的主要不同之处还在于:在一次积分变换中,短时傅里叶变换的窗长度一经选定,其时频分辨率也就确定了;而小波变换的时频窗口长度随尺度系数 a 的改变而改变。在低频处,a 值增大,时窗宽度增加,频窗宽度减小,频域分辨率高;在高频处,a 值减小,时窗宽度减小,频窗宽度增加,时域分辨率高。在一次运算中,小波变换可以根据信号频率的高低,改变时频分辨率,明显区别于短时傅里叶变换,这也是小波变换最明显的特点。

　　小波变换和短时傅里叶变换的窗函数示例如图 3 - 20 和图 3 - 21 所示,可以看出小波变换的"窗长"是可以随时域和频域分辨率的改变而自动改变的,这样可捕获不同时段的频率特征。

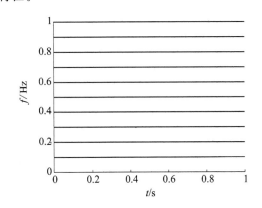

图 3 - 20　短时傅里叶变换窗口示意图

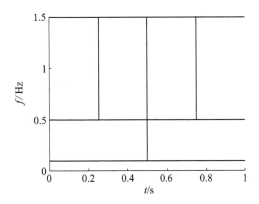

图 3 - 21　小波变换窗口示意图

　　对图 3 - 10(b)所示的时域信号进行小波变换,可以得到图 3 - 22 所示的小波能量谱 W 时频曲线。从图 3 - 22 可以看出,小波变换分析的信号无需选择窗长就可以在各个频率下得到相近的时频分辨率。这样,在研究驾驶员和带控制器的人机系统信号时,即使信号带宽较大,小波变换依然能取得良好的结果。

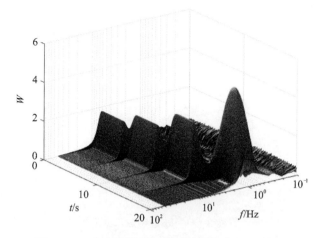

图 3 - 22　小波变换分析正弦组合信号的时频特性

小波变换不但可以在一次变换中进行窗口长度的自适应变换,还可以针对不同的情况改变核函数的类型,从根本上克服短时傅里叶变换窗长度不变和基函数不能选择的弊端。小波变换这种变分辨率的分析方法,在时变系统研究中得到了广泛应用,其对信号边缘和细节特征描述的优越性十分契合人机系统研究中的故障时变性和驾驶员控制不应期特性。

练习题

1. 与数值仿真相比,驾驶员在环仿真实验有哪些特点?

2. 在驾驶员在环仿真实验方案设计和实验信号预处理过程中,具体需要考虑哪些影响因素?

3. 应用 MATLAB 信号处理工具箱,对正弦叠加信号式(3 - 11)进行窗口傅里叶变换,分析信号特征与窗口设置。

4. 应用 MATLAB 信号处理工具箱,对变频率正弦信号进行小波变换,分析信号特征与小波窗口设置。

5. 应用 MATLAB 信号处理工具箱,分别对图 3 - 14 所示的三种信号进行窗口傅里叶变换和时频小波变换,分析两种变换的特点,并解释其原理。

第 4 章 驾驶员控制行为频谱特性分析

信号频谱分析是将时域信号变换至频域加以分析的方法。频谱分析的目的是把复杂的时间历程,经过傅里叶变换分解为若干谐波分量来研究,以获得信号的频率结构。对信号进行频谱分析可以获得很多有用信息,如求得动态信号中的各个频率成分和频率分布范围,求出各个频率成分的幅值及能量分布,从而得到主要幅度和能量分布的频率值。将信号在时间域中的波形转变为频率域的频谱,可以对信号的信息作定量解释。在诸如巡航、进场下滑等飞行任务中,驾驶员的控制行为具有拟线性特征,通过频谱分析可以研究其控制行为特点,建立非参数驾驶员描述函数模型。

频谱分析仅限于分析平稳信号特性,对于具有时变特征的非平稳信号,需要应用小波变换分析其时频特性。针对飞机故障引起的时变人机系统问题,通过时频分析可以研究驾驶员的时变控制行为,建立时变驾驶员模型。

4.1 描述函数定义

描述函数是对非线性特性在正弦信号作用下的输出进行线性化处理之后得到的,在形式上类似于线性理论中的幅、相频率特性。下面以继电特性为例,介绍描述函数的含义。继电特性描述如图 4-1 所示。

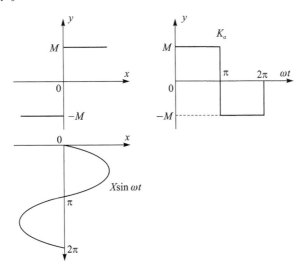

图 4-1 继电特性

已知正弦输入信号为

$$x(t) = X \sin \omega t \tag{4-1}$$

经过继电器,得到方波周期函数为

$$y(t) = \frac{4M}{\pi} \left(\sin \omega t + \frac{1}{3} \sin 3\omega t + \frac{1}{5} \sin 5\omega t + \cdots \right) \tag{4-2}$$

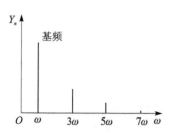

图 4-2　继电器输出频谱

继电器在正弦信号输入下,得到的输出信号的基频分量与输入信号相同,其他分量的频率是输入信号的整数倍,称为高次谐波。输出频谱见图 4-2。当直流分量为零且谐波高频分量很小时,可近似认为输出信号仅包含一次谐波分量,即 $y(t) \approx \frac{4M}{\pi} \sin \omega t$。此时,非线性继电器可以近似认为具有与线性环节类似的频率响应,即为描述函数。

对于一般的非线性特性,当输入为 $x(t) = X \sin \omega t$ 时,输出可以用傅里叶级数表示为

$$y(t) = \sum_{n=0}^{\infty} a_n \cos n\omega t + \sum_{n=1}^{\infty} b_n \sin n\omega t \tag{4-3}$$

式中

$$\begin{cases} a_0 = \dfrac{1}{2\pi} \displaystyle\int_0^{2\pi} y(t) \, \mathrm{d}\omega t \\[2mm] a_n = \dfrac{1}{\pi} \displaystyle\int_0^{2\pi} y(t) \cos n\omega t \, \mathrm{d}\omega t \\[2mm] b_n = \dfrac{1}{\pi} \displaystyle\int_0^{2\pi} y(t) \sin n\omega t \, \mathrm{d}\omega t \end{cases} \tag{4-4}$$

或表示为

$$y(t) = \sum_{n=1}^{\infty} B_n \sin (n\omega t + \varphi_n) \tag{4-5}$$

式中

$$\begin{cases} B_n = \sqrt{a_n^2 + b_n^2} \\[2mm] \varphi_n = \arctan \dfrac{a_n}{b_n} \end{cases} \tag{4-6}$$

当直流分量 $a_0 = 0$ 时,非线性描述函数 $Y(\mathrm{j}\omega)$ 即为 $y(t)$ 中的一次谐波分量与正弦输入的比值,即

$$Y(\mathrm{j}\omega) = \frac{b_1 + \mathrm{j}a_1}{A} = \frac{B_1}{A} \angle \varphi_1 \tag{4-7}$$

4.2　驾驶员描述函数识别方法

目前,最成熟的人工控制驾驶员模型是频域拟线性驾驶员模型。该模型由线性和剩余两部分组成,如图 4-3 所示。线性部分与飞行任务和飞机被控对象特性相关。当飞行任务或被控对象特性变化时,线性部分也发生变化,这种变化呈现非线性特征。只要上述变化控制在一定范围内,线性部分的形式和参数值的变动不大,拟线性驾驶员模型就有明显的实用价值。对于非线性程度不高的驾驶员控制行为,可以采用谐波分析方法在频域内对其进行线化处理,得到驾驶员描述函数。该方法因能够保留系统的一些非线性特征而被广泛应用。

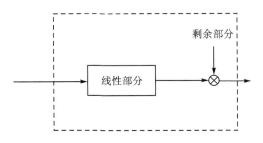

图 4 - 3　拟线性驾驶员模型的组成

4.2.1　基于人机闭环特性计算驾驶员描述函数的方法

在驾驶员在环仿真实验中,由于驾驶员的输入信号与飞机的状态响应相关,往往无法给出确定形式的驾驶员输入。例如补偿控制任务中的跟踪误差,是通过计算指令信号与飞机响应的差值获得的,它不具有典型的正弦信号形式。由式(4-3)和式(4-4)可知,为了计算描述函数的一次谐波分量,需要给出明确的正弦输入信号,因此不能基于驾驶员在环仿真实验结果直接计算驾驶员描述函数。但对于整个人机闭环系统,可以指定其输入信号为正弦信号,从而计算人机闭环系统的描述函数。

图 4 - 4 所示为单通道补偿控制任务中的人机闭环描述函数测定的实验框图。系统指令信号 $c(t)$ 由一组不同频率正弦信号叠加而成,之所以采用一组正弦信号而不是逐个正弦信号输入,是为了避免驾驶员对单个信号产生预测作用。通过驾驶员在环仿真实验可以获得系统输出 $y(t)$,利用式(4-4)可以计算各正弦频率下的傅里叶级数 $a_1(\omega_i)$ 和 $b_1(\omega_i)$。最后根据式(4-7)计算各频率下闭环描述函数幅频和相频的实验点,图 4 - 5 所示为闭环描述函数计算的傅里叶级数和幅相频率特性实验点,即拟线性闭环频率响应 Y_{cls}。

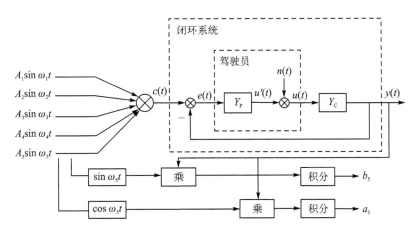

图 4 - 4　闭环传递函数测定的实验框图

单通道人机闭环系统具有图 4 - 6 所示的结构。图中,Y_P 代表驾驶员模型,Y_C 代表飞机被控对象,c 是人机系统输入指令信号,e 是控制误差信号,u 是驾驶员操纵信号,y 是系统输出信号。

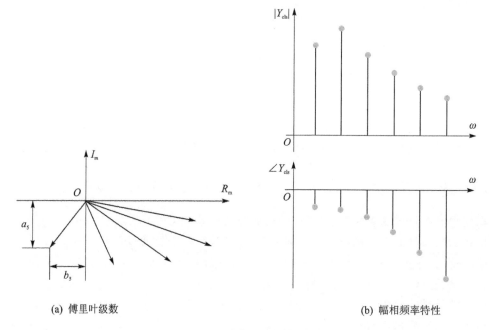

(a) 傅里叶级数   (b) 幅相频率特性

图 4 - 5 闭环传递函数频率特性

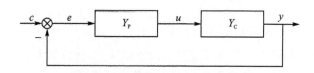

图 4 - 6 单通道人机闭环系统结构

由图 4 - 6 可以得到人机闭环系统传递函数如下：

$$Y_{cls}(s) = \frac{Y_P(s)Y_C(s)}{1 + Y_P(s)Y_C(s)} \tag{4-8}$$

据此推导出驾驶员描述函数的计算公式为

$$Y_P(j\omega) = \frac{Y_{cls}(j\omega)}{Y_C(j\omega)\left[1 - Y_{cls}(j\omega)\right]} \tag{4-9}$$

已知飞机被控对象 $Y_C(j\omega)$ 的频率特性，则驾驶员描述函数 $Y_P(j\omega)$ 可以通过测定的 $Y_{cls}(j\omega) = \bar{y}(j\omega)/\bar{c}(j\omega)$ 计算出来。此处，$\bar{y}$ 和 $\bar{c}$ 分别表示输出 y 及输入 c 的拉普拉斯变换形式。

根据式(4-7)确定驾驶员描述函数 $Y_P(j\omega)$ 时，可能出现较大误差。因为对高增益的 Y_P，当回路闭合时，$|Y_{cls}|$ 接近于 1 而 $\angle Y_{cls}$ 趋近于 0。因而 $1 - Y_{cls}$ 中不大的误差也能引起 Y_P 的巨大误差。

4.2.2 基于相关技术的频谱分析法

在频率域中处理问题，经常可以利用相关技术和频谱方法。在确定描述函数 $Y_P(j\omega)$ 时，也可以利用这些技术进行处理。

将图 4 - 6 中的驾驶员模型表示成拟线性模型形式，可以得到单通道拟线性人机闭环系统结构,如图 4 - 7 所示。

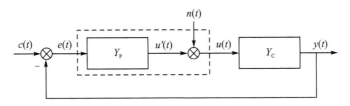

图 4 - 7　单通道拟线性人机闭环系统结构模型

拟线性驾驶员模型由线性部分 $Y_P(j\omega)$ 和剩余部分 $n(t)$ 组成,因此图 4 - 7 所示闭环系统可视为有两个输入,即 $c(t)$ 和 $n(t)$。其中,拟线性环节 Y_P 的输出 $u(t)$ 为 $u'(t)+n(t)$,$c(t)$ 和 $u(t)$ 的互相关函数可表示为

$$R_{cu}(\theta) \equiv \lim_{T\to\infty} \frac{1}{2T} \int_{-T}^{T} c(t)u(t+\theta)dt$$

$$= \lim_{T\to\infty} \frac{1}{2T} \left[\int_{-T}^{T} c(t)u'(t+\theta)dt + \int_{-T}^{T} c(t)n(t+\theta)dt \right] \quad (4-10)$$

由于 $c(t)$ 和 $n(t)$ 互不相关,因此上式右边第二个积分为 0。第一个积分中的 $u'(t+\theta)$ 可表示为

$$u'(t+\theta) = Y_{u'c}c(t+\theta) + Y_{u'n}n(t+\theta)$$

$$= \int_{-\infty}^{\infty} h_{u'c}(\tau)c(t+\theta-\tau)d\tau + \int_{-\infty}^{\infty} h_{u'n}(\tau)n(t+\theta-\tau)d\tau \quad (4-11)$$

式中:$Y_{u'c}=Y_P/(1+Y_PY_C)$,$Y_{u'n}=-Y_PY_C/(1+Y_PY_C)$,$h_{u'c}$ 和 $h_{u'n}$ 分别表示当 c 和 n 为脉冲输入时的 u' 响应。于是

$$R_{cu}(\theta) = \lim_{T\to\infty} \frac{1}{2T} \int_{-T}^{T} c(t) \left[\int_{-\infty}^{\infty} h_{u'c}(\tau)c(t+\theta-\tau)d\tau + \right.$$

$$\left. \int_{-\infty}^{\infty} h_{u'n}(\tau)n(t+\theta-\tau)d\tau \right] dt \quad (4-12)$$

已知 $\lim\limits_{T\to\infty} \dfrac{1}{2T} \int_{-T}^{T} c(t)c(t+\theta-\tau)dt = R_{cc}(\theta-\tau)$,$\lim\limits_{T\to\infty} \dfrac{1}{2T} \int_{-T}^{T} c(t)n(t+\theta-\tau)dt = 0$,所以

$$R_{cu}(\theta) = \int_{-\infty}^{\infty} h_{u'c}(\tau)R_{cc}(\theta-\tau)d\tau \quad (4-13)$$

类似地可有

$$e(t+\theta) = Y_{ec}c(t+\theta) + Y_{en}n(t+\theta) \quad (4-14)$$

式中:$Y_{ec}=1/(1+Y_PY_C)$,$Y_{en}=-Y_C/(1+Y_PY_C)$,则

$$R_{ce}(\theta) = \int_{-\infty}^{\infty} h_{ec}(\tau)R_{cc}(\theta-\tau)d\tau \quad (4-15)$$

将相关函数 $R_{cu}(\theta)$ 及 $R_{ce}(\theta)$ 作傅里叶变换后就得到频谱函数 $S_{cu}(j\omega)$ 及 $S_{ce}(j\omega)$。
于是

$$S_{cu}(j\omega) = \int_{-\infty}^{\infty} R_{cu}(\theta)e^{-j\omega\theta}d\theta = \int_{-\infty}^{\infty} \left[\int_{-\infty}^{\infty} h_{u'c}(\tau)R_{cc}(\theta-\tau)d\tau \right] e^{-j\omega\theta}d\theta \quad (4-16)$$

令 $\nu=\theta-\tau$,上式可表示为

$$S_{cu}(j\omega) = \int_{-\infty}^{\infty} \left[\int_{-\infty}^{\infty} h_{u'c}(\tau)R_{cc}(\nu)d\tau \right] e^{-j\omega(\nu+\tau)}d(\nu+\tau)$$

这里 $d(\nu+\tau)$ 中 τ 视为参数不变,故 $d(\nu+\tau)=d\nu$。于是可得

$$S_{cu}(j\omega)=\int_{-\infty}^{\infty}h_{u'c}(\tau)e^{-j\omega\tau}d\tau\int_{-\infty}^{\infty}R_{cc}(\nu)e^{-j\omega\nu}d\nu=Y_{u'c}(j\omega)S_{cc}(\omega) \tag{4-17}$$

类似地可得

$$S_{ce}(j\omega)=Y_{ec}(j\omega)S_{cc}(\omega) \tag{4-18}$$

由式(4-17)和式(4-18),可得出

$$\frac{S_{cu}(j\omega)}{S_{ce}(j\omega)}=\frac{Y_{u'c}(j\omega)}{Y_{ec}(j\omega)}=\frac{Y_P/(1+Y_PY_C)}{1/(1+Y_PY_C)}\bigg|_{j\omega}=Y_P(j\omega) \tag{4-19}$$

这样就可利用相关技术并作傅里叶变换后导出描述函数 $Y_P(j\omega)$。

用 $\rho^2(\omega)$ 表示拟线性系统的线性相关性,它是系统输入 c 和驾驶员输出 u 之间的相干函数。根据定义,拟线性系统的响应功率由线性部分及剩余部分组成,即

$$S_{uu}(\omega)=\lim_{T\to\infty}\frac{1}{4\pi T}\left[\frac{Y_P(-j\omega)R(-j\omega)+N(-j\omega)}{1+Y_P(-j\omega)Y_C(-j\omega)}\right]\left[\frac{Y_P(j\omega)R(j\omega)+N(j\omega)}{1+Y_P(j\omega)Y_C(j\omega)}\right]$$
$$=\left|\frac{Y_P(j\omega)}{1+Y_P(j\omega)Y_C(j\omega)}\right|^2S_{cc}(\omega)+\left|\frac{1}{1+Y_P(j\omega)Y_C(j\omega)}\right|^2S_{nn}(\omega) \tag{4-20}$$

等式右边第一项为与输入相关的输出功率;第二项为噪声,即与剩余相关的输出功率。第一项和第二项之比为信噪比。定义线性相关性为第一项输出功率与总功率之比

$$\rho^2(\omega)\equiv\frac{\left|\dfrac{Y_P(j\omega)}{1+Y_P(j\omega)Y_C(j\omega)}\right|^2S_{cc}(\omega)}{S_{uu}(\omega)}=\frac{|S_{cu}(j\omega)|^2}{S_{cc}(\omega)\times S_{uu}(\omega)} \tag{4-21}$$

相干函数 $0\leqslant\rho^2(\omega)\leqslant1$,它越接近 1 表明线性相关性越高,说明用式(4-19)表示的驾驶员非参数模型越准确。因此,可以用拟线性模型的识别方法,对系统进行识别。$\rho^2(\omega)$ 在不同的频率范围取值不同,这反映出在不同频率范围实验数据的精确性不同。

4.3 单通道驾驶员描述函数识别

4.3.1 单通道驾驶员描述函数计算公式

对于如图 4-6 所示的单通道人机闭环控制系统,根据相关技术和频谱方法,驾驶员模型的描述函数 $Y_P(j\omega)$ 和相干函数 $\rho^2(\omega)$ 可由以下公式计算:

$$Y_P(j\omega)=\frac{S_{cu}(j\omega)}{S_{ce}(j\omega)} \tag{4-22}$$

$$\rho^2(\omega)=\frac{|S_{cu}(j\omega)|^2}{S_{cc}(\omega)\times S_{uu}(\omega)} \tag{4-23}$$

式中:$S_{cu}(j\omega)$ 为系统输入 c 和驾驶员输出 u 之间的互谱;$S_{ce}(j\omega)$ 为系统输入 c 和误差 e 之间的互谱;$S_{cc}(j\omega)$、$S_{uu}(j\omega)$ 分别为系统输入 c 和驾驶员输出 u 的功率谱;$\rho^2(\omega)$ 表示描述函数的识别精度。

4.3.2 单通道驾驶员描述函数识别示例

根据图 4-6 所示的人机闭环控制系统模型进行驾驶员在环仿真实验。以驾驶员完成纵

向单自由度俯仰跟踪任务为研究对象,系统输入指令取带宽为 0.5 Hz 的噪声信号。飞机被控对象形式取为某电传操纵飞机纵向等效短周期模型形式:

$$Y_C = K_C e^{-\tau_C s} \frac{s + 1/T_\vartheta}{s(s^2 + 2\xi_{sp}\omega_{sp}s + \omega_{sp}^2)} \tag{4-24}$$

式中:K_C 为飞机环节的等效放大系数;τ_C 为飞机反应等效的时间延迟;T_ϑ 为分子项的时间常数;ξ_{sp}、ω_{sp} 分别为飞机等效短周期模态的阻尼比和无阻尼自振频率。在某飞行状态下,模型参数分别为 $K_C = 5.622\ 4, \tau_C = 0.153\ 7, T_\vartheta = 0.918, \omega_{sp} = 4.601\ 8, \xi_{sp} = 0.707$。

根据式(4-22)和式(4-23)对实验数据进行处理,得到驾驶员描述函数和相干函数见表 4-1 和图 4-8、图 4-9,图中将频率单位表示成人机系统研究中更常用的 rad/s。相干函数 $\rho^2(\omega)$ 可用来表示驾驶员描述函数的识别精度,并用 AR_1 表示,在第 5 章有详细的介绍。在频率范围 0.05~0.55 Hz,描述函数识别精度比较高,对参数拟配来讲,这些实验点是重要的。而在此范围以外精度比较低的点,表明实验数据本身不准确,对于那些不准确的实验点进行精确拟合,并不表示最终模型精度会提高。由此可以看出,采用 $\rho^2(\omega)$ 的数值对参数的优化准则进行加权是合理的。

表 4-1　驾驶员描述函数和相干函数

$\omega_i/(\text{rad} \cdot \text{s}^{-1})$	0.314	0.628	0.942	1.256	1.57	1.884
$|Y_P(j\omega_i)|/\text{dB}$	1.52	1.97	2.45	2.63	3.61	3.74
$\angle Y_P(j\omega_i)/(°)$	−17.9	−12.3	−10.5	−9.98	−5.34	−3.27
$\rho^2(\omega)$	0.63	0.76	0.87	0.91	0.93	0.95
$\omega_i/(\text{rad} \cdot \text{s}^{-1})$	2.198	2.512	2.826	3.14	3.454	3.768
$|Y_P(j\omega_i)|/\text{dB}$	3.85	3.91	3.94	3.97	4.57	6.39
$\angle Y_P(j\omega_i)/(°)$	−3.33	−3.69	−3.74	−3.75	−3.99	−4.96
$\rho^2(\omega)$	0.91	0.87	0.79	0.71	0.54	0.32

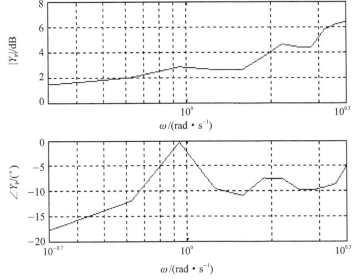

图 4-8　驾驶员描述函数

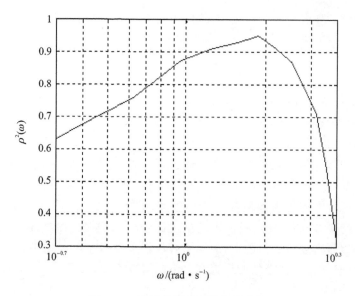

图 4 - 9　驾驶员描述函数相干函数

4.4　双通道驾驶员描述函数识别

研究多通道人机控制系统中的驾驶员模型,由于要考虑各个通道之间的相互耦合问题,其描述函数和相干函数的计算要比单通道系统复杂得多。本节以双通道人机系统为例,讨论非参数驾驶员描述函数的识别方法,对多通道系统可以采用类似的研究方法。双通道人机系统的模型如图 4 - 10 所示。

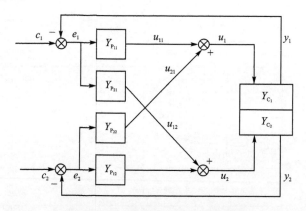

图 4 - 10　双通道人机闭环系统结构

4.4.1　双通道驾驶员描述函数计算公式

双通道驾驶员描述函数计算公式为

$$Y_{P_{11}} = \frac{S_{c_1 c_1} \times S_{c_1 u_1} \times B - \overline{S}_{c_1 c_2} \times S_{c_2 u_1} \times A}{S_{c_1 c_1} \times S_{c_1 e_1} \times B - \overline{S}_{c_1 c_2} \times S_{c_2 e_1} \times A} \qquad (4 - 25)$$

$$Y_{P_{12}} = \frac{S_{c_1c_1} \times S_{c_1e_1} \times S_{c_2u_1} \times \bar{S}_{c_1c_2} - S_{c_1c_1} \times S_{c_1u_1} \times \bar{S}_{c_1c_2} \times S_{c_2e_1}}{S_{c_1c_1} \times S_{c_1e_1} \times B - \bar{S}_{c_1c_2} \times S_{c_2e_1} \times A} \tag{4-26}$$

$$Y_{P_{22}} = \frac{S_{c_2c_2} \times S_{c_2u_2} \times D - \bar{S}_{c_1c_2} \times S_{c_1u_2} \times C}{S_{c_2c_2} \times S_{c_2e_2} \times D - \bar{S}_{c_1c_2} \times S_{c_1e_2} \times C} \tag{4-27}$$

$$Y_{P_{21}} = \frac{S_{c_2c_2} \times S_{c_2e_2} \times S_{c_1u_2} \times \bar{S}_{c_1c_2} - S_{c_2c_2} \times S_{c_2u_2} \times \bar{S}_{c_1c_2} \times S_{c_1e_2}}{S_{c_2c_2} \times S_{c_2e_2} \times D - \bar{S}_{c_1c_2} \times S_{c_1e_2} \times C} \tag{4-28}$$

式中：

$$A = Y_{C_1} \times S_{c_1u_1} \times S_{c_1e_1} - Y_{C_2} \times S_{c_1u_2} \times S_{c_1e_1} + S_{c_1c_2} \times S_{c_1e_1} \tag{4-29}$$

$$B = Y_{C_1} \times S_{c_2u_1} \times S_{c_2e_1} - Y_{C_2} \times S_{c_2u_2} \times S_{c_2e_1} + S_{c_2c_2} \times S_{c_2e_1} \tag{4-30}$$

$$C = Y_{C_2} \times S_{c_2u_2} \times S_{c_2e_2} - Y_{C_1} \times S_{c_2u_1} \times S_{c_2e_2} + S_{c_2c_1} \times S_{c_2e_2} \tag{4-31}$$

$$D = Y_{C_2} \times S_{c_1u_2} \times S_{c_1e_1} - Y_{C_1} \times S_{c_1u_1} \times S_{c_1e_2} + S_{c_1c_1} \times S_{c_1e_2} \tag{4-32}$$

c_1 与 u_1 的相干函数为

$$\rho^2_{c_1u_1} = \frac{|S_{c_1u_1}|^2}{S_{c_1c_1} \times S_{u_1u_1}} \tag{4-33}$$

c_2 与 c_1 的相干函数为

$$\rho^2_{c_2u_1c_1} = \frac{(S_{c_1c_1} \times |S_{c_2u_1}| - |\bar{S}_{c_1c_2}| \times |S_{c_1u_1}|)^2}{S^2_{c_1c_1} \times S_{c_2c_2} \times S_{u_1u_1} \times (1-\rho^2_{c_1c_2}) \times (1-\rho^2_{c_1u_1})} \tag{4-34}$$

c_1、c_2 与 u_1 的相干函数为

$$\rho^2_{u_1c} = 1 - (1-\rho^2_{c_1u_1}) \times (1-\rho^2_{c_2u_1c_1}) \tag{4-35}$$

c_2 与 u_2 的相干函数为

$$\rho^2_{c_2u_2} = \frac{|S_{c_2u_2}|^2}{S_{c_2c_2} \times S_{u_2u_2}} \tag{4-36}$$

c_1 与 u_2 的相干函数为

$$\rho^2_{c_1u_2c_2} = \frac{(S_{c_2c_2} \times |S_{c_1u_2}| - |\bar{S}_{c_1c_2}| \times |S_{c_2u_2}|)^2}{S^2_{c_2c_2} \times S_{c_1c_1} \times S_{u_2u_2} \times (1-\rho^2_{c_1c_2}) \times (1-\rho^2_{c_2u_2})} \tag{4-37}$$

c_1、c_2 与 u_2 的相干函数为

$$\rho^2_{u_2c} = 1 - (1-\rho^2_{c_2u_2}) \times (1-\rho^2_{c_1u_2c_2}) \tag{4-38}$$

4.4.2　双通道驾驶员描述函数识别示例

计算图 4-10 所示的双通道人机控制系统的驾驶员模型描述函数和相干函数时，需要计算频谱。可以利用 MATLAB 信号处理工具箱中的函数直接进行计算，其算法为平均周期图法。实验数据点数 L 取为 5 000 个，采样频率定为 $F_s = 20$ Hz。采用窗口傅里叶变换方法计算频谱，其窗函数取为 HAMMING 窗，窗长度 L_1 取为 512 个点，每个窗与前面一个窗重叠256 个点，如此交迭取数，大约能得到 20 组数据。

图 4-11 表示根据式(4-33)～式(4-38)计算出的相干函数，其中，图(a)、图(b)和图(c)

依次为油门通道的单通道相干函数、双通道耦合相干函数和总相干函数,图(d)、图(e)和图(f)分别为杆舵通道各相干函数。由图可知,耦合的相干函数的值很小,基本不影响双通道相干函数的大小。所以,这里所研究的人机系统可近似解耦,这意味着在模型识别时可以将其当作两个单通道系统分开来处理。

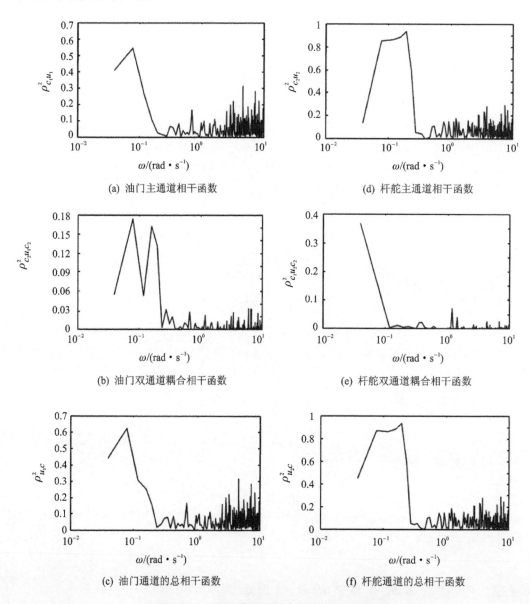

(a) 油门主通道相干函数   (d) 杆舵主通道相干函数

(b) 油门双通道耦合相干函数   (e) 杆舵双通道耦合相干函数

(c) 油门通道的总相干函数   (f) 杆舵通道的总相干函数

图 4 - 11 双通道控制驾驶员描述相干函数

将双通道系统当作两个单通道系统,分别对两个单通道进行描述函数识别,解耦后的双通道人机闭环系统结构模型如图 4 - 12 所示。

其中

$$Y_{P_1}(j\omega) = \frac{S_{c_1 u_1}(j\omega)}{S_{c_1 e_1}(j\omega)} \tag{4-39}$$

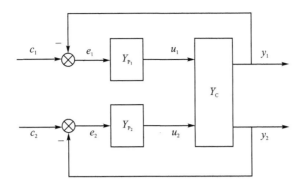

图 4 - 12　解耦后的双通道人机闭环系统结构

$$Y_{P_2}(j\omega) = \frac{S_{c_2 u_2}(j\omega)}{S_{c_2 e_2}(j\omega)} \tag{4-40}$$

$$\rho_1^2(\omega) = \frac{\left| S_{c_1 u_1}(j\omega) \right|^2}{S_{c_1 c_1}(\omega) \times S_{u_1 u_1}(\omega)} \tag{4-41}$$

$$\rho_2^2(\omega) = \frac{\left| S_{c_2 u_2}(j\omega) \right|^2}{S_{c_2 c_2}(\omega) \times S_{u_2 u_2}(\omega)} \tag{4-42}$$

描述函数和相干函数的计算结果如图 4 - 13 所示。其中,图(a)、图(b)和图(c)分别表示油门通道传递函数的幅频、相频及其相干函数,图(d)、图(e)和图(f)分别表示杆舵通道传递函

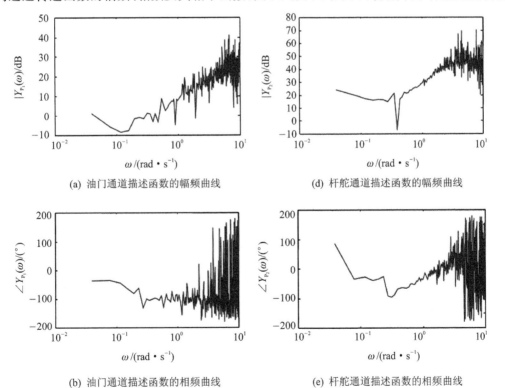

(a) 油门通道描述函数的幅频曲线　　　　　(d) 杆舵通道描述函数的幅频曲线

(b) 油门通道描述函数的相频曲线　　　　　(e) 杆舵通道描述函数的相频曲线

图 4 - 13　解耦后的驾驶员描述函数识别结果

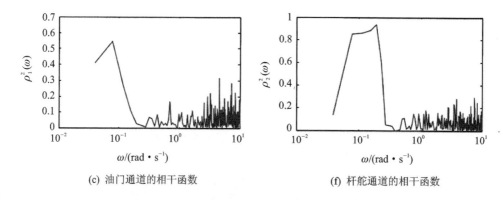

(c) 油门通道的相干函数　　　　　　　　(f) 杆舵通道的相干函数

图 4-13　解耦后的驾驶员描述函数识别结果(续)

数的幅频、相频以及相干函数。由图可见,高频段的描述函数结果不稳定,有较大波动,这主要是由使用频谱方法计算描述函数不精确造成的。另外,用十倍频程作为横坐标,在高频段取点数必然要大大多于低频段,也可能导致高频段描述函数在图中出现锯齿现象。

4.5　驾驶员控制行为的时变频谱特性分析

在由驾驶员和飞机构成的人机闭环系统中,针对特定的飞行任务,如果飞机被控对象特性不随时间变化,驾驶员的操纵行为规律性也不随时间改变,此时的人机系统属于时不变系统。

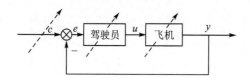

图 4-14　时变人机系统结构

而当飞机被控对象特性或者飞行任务发生变化时,驾驶员的控制行为也会随之改变,体现出自适应时变特性,此时的人机系统属于时变系统,系统结构如图 4-14 所示。

时变人机系统中的时变特性往往有快时变和慢时变之分。例如,战斗机在空中搏斗过程中,其操纵面被子弹击中导致舵面损失一部分,甚至全部,这类飞机在短时间内发生故障或特性改变的时变特性称为快时变,或称为突变。而飞机控制系统中的某个零件逐渐失效,使得在相对较长的一段时间内飞机特性逐渐发生变化,这类情况属于慢时变。不论是快时变还是慢时变,人机系统的特性都会发生改变。

基于图 4-15 所示的飞机发生突变故障下的时变人机系统结构,设定飞机模型在第 25 s 时由构型 G_1 切换至构型 G_2,仿真分析发生突变故障时的人机闭环特性。飞机构型 G_1 和 G_2 由式(4-43)和式(4-44)表示。

$$G_1(s) = \frac{11.24(s+0.002\ 7)(s+1.246)e^{-0.103s}}{(s^2+2\times0.694\times4.721s+4.721^2)(s^2+2\times0.238\times0.056s+0.056^2)}$$

$$(4-43)$$

$$G_2(s) = \frac{22.48(s+0.002\ 7)(s+1.246)e^{-0.103s}}{(s+2)(s^2+2\times0.694\times4.721s+4.721^2)(s^2+2\times0.238\times0.056s+0.056^2)}$$

$$(4-44)$$

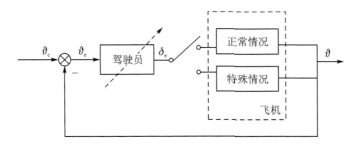

图 4 - 15　突变故障下的时变人机闭环系统结构

给定指令信号为带宽 0.5 Hz 的有色噪声信号,仿真计算 50 s 内的驾驶员控制输出信号及其小波能量谱时频分析曲线,见图 4 - 16 和图 4 - 17。

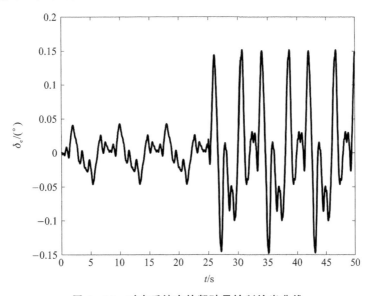

图 4 - 16　时变系统中的驾驶员控制输出曲线

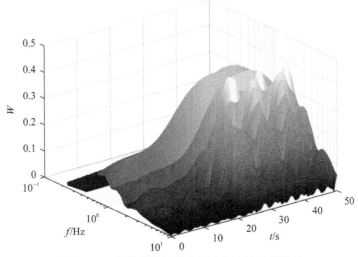

图 4 - 17　驾驶员控制输出的小波时频分析结果

图 4 - 18 给出了驾驶员控制输出在其控制主频 2.5 rad/s 处的小波能量谱时频分析切片。由图可见,飞机在 25 s 发生故障前、后的系统特性明确,而在故障发生过程中系统特性发生改变。因此,小波分析方法可用于研究人机时变系统特性。

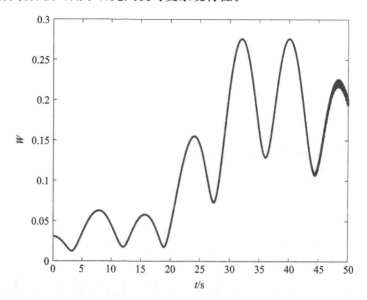

图 4 - 18　驾驶员控制输出在 2.5 rad/s 处的小波能量谱时频分析切片

练习题

1. 简述描述函数的含义。在哪些情况下描述函数可以给出非线性响应的较好近似?
2. 叙述确定描述函数的几种方法。
3. 用什么指标衡量拟线性系统的线性相关性?
4. 由闭环传递函数的实验结果计算驾驶员描述函数,有什么问题?
5. 以某电传操纵飞机纵向等效模型为被控对象,进行俯仰跟踪实验,识别驾驶员描述函数。
6. 通过俯仰跟踪实验分析故障情况下的驾驶员控制的时频特性。

第5章　频域拟线性驾驶员模型辨识

为什么需要建立驾驶员模型？应用驾驶员模型能够解决哪些问题？这是研究驾驶员控制行为建模技术之前需要考虑的问题。

按照任务层次分析，驾驶员的控制行为包括离散决策控制和连续操纵控制两类。离散决策控制是指驾驶员在使用机载自动化设备过程中的控制行为，属于监控和管理的行为特征，例如选择控制系统的控制模式。

本章讨论的驾驶员人工控制模型可用于描述驾驶员的连续操纵控制行为，适于分析人机动力学耦合特性，在飞行品质研究中被广泛采用。需要明确的是，飞机动力学模型应该包括飞机本体动力学模型和飞行控制系统模型。飞行任务的选择必须能够体现人机紧耦合特征，例如精确瞄准、空中加油、进场下滑等一些需要对飞机的飞行状态进行精确控制的任务。从飞机设计的角度来看，描述连续控制行为的驾驶员模型，其应用的主要目的是设计出具有满意飞行品质的飞机。从飞行训练的角度来看，其目的是训练驾驶员的操纵技能（Control Skill Training，CST）。

驾驶员模型的建模方法有三种，分别是实验建模、理论建模和经验建模。实验建模是基于地面飞行模拟实验或空中飞行试验数据，应用时域或频域分析方法，获得描述驾驶员控制行为特征的模型。采用实验建模方法建立的驾驶员模型的针对性很强，是针对特定飞行任务、特定被控对象和具体实验环境的。

5.1　频域拟线性驾驶员实验建模概述

频域拟线性驾驶员实验建模基于驾驶员在环仿真实验记录数据，采用谐波线化方法在频域内近似计算描述驾驶员控制行为特征的幅频和相频特性，由此确定线性传递函数形式；然后采用参数优化理论，识别驾驶员模型参数。频域拟线性驾驶员实验建模包括以下几部分内容。

1. 驾驶员在环仿真实验

驾驶员针对指定的飞行任务，在飞行模拟器上进行实时控制，即为驾驶员在环仿真实验。在环指的是驾驶员处于人机闭环系统中。

在进行驾驶员在环仿真实验前，首先需要根据模型的用途来设计实验方案。例如，应确定是单通道还是多通道控制任务，是研究飞机的纵向还是横、侧向问题，以及系统指令信号的选取、被控对象模型的确定等。

然后根据制定的实验方案，准备实验设备。驾驶员在环仿真实验的设备包括地面飞行模拟器和空中飞行模拟器两类。地面飞行模拟器应具有被控对象数学模型的实时解算功能，并提供必要的人机交互界面。空中飞行模拟器应能通过调整重心等手段模拟不同被控对象特性。

当然,实验人员也需要进行培训,包括明确控制任务、熟悉飞行模拟实验设备、训练控制技能等。

在驾驶员在环仿真实验过程中,实验人员按照飞行任务要求完成控制任务,由飞行模拟器记录实验数据。在应用实验数据进行驾驶员模型建模之前,还需要对实验数据进行预处理,包括实验样本的选取、信号降噪处理等。

2. 驾驶员非参数描述函数模型识别

通过对驾驶员在环仿真实验数据的分析和处理,可以获得描述驾驶员操纵行为特征的非参数驾驶员模型。针对驾驶员的拟线性、时不变操纵行为,可以基于窗口傅里叶变换计算驾驶员控制的描述函数,并进行线性相关性检验。拟线性驾驶员模型只有当驾驶员的实际操纵行为线性化程度较高时才适用,因此线性相关性检验很重要。由于相干函数代表了驾驶员操纵的线性化程度,可采用相干函数进行线性相关性检验。针对驾驶员的时变操纵行为,可以采用小波变换等时频分析方法计算驾驶员控制的时频特性。

非参数驾驶员模型特性分析结果可用于进一步确定驾驶员数学模型的形式和参数。

3. 驾驶员参数模型识别

频域拟线性驾驶员模型线性部分用传递函数表示。典型的模型形式有 McRuer 模型和结构驾驶员模型。具体的形式需要根据驾驶员描述函数的识别结果以及先验知识来确定。

驾驶员模型参数识别本质上是一个参数优化过程,即实现传递函数模型和描述函数或时频特性实验点的最佳逼近。模型参数识别中首先要考虑优化指标的选择问题,也就是准则问题;其次要考虑驾驶员生理条件的限制,以确定参数约束范围。

4. 驾驶员模型建模精度评价

模型建立之后,需要对模型的建模精度进行评价。驾驶员实验建模的精度分析包括非参数模型的精度分析、参数模型的精度分析以及最终模型的仿真验证。

在明确模型用途的基础上,频域拟线性驾驶员模型实验建模的一般流程如图 5-1 所示。

本书第 3 章介绍了驾驶员在环仿真实验技术,第 4 章介绍了基于驾驶员在环仿真实验进行驾驶员非参数描述函数识别的方法。本章将着重介绍驾驶员参数模型识别以及模型建模精度评价方法,主要关注以下两个问题:

(1) 参数拟配准则的选取

驾驶员模型参数识别属于参数优化问题,根据不同的优化准则可以识别出不同的驾驶员模型参数,因此选取合适的拟配准则非常重要。

(2) 模型精度的评价

对于驾驶员非参数模型,即描述函数模型,在第 4 章已经给出了精度评价公式。对于参数模型精度评价问题,需要遵照精度公式的规范条件,建立合理的评价公式。

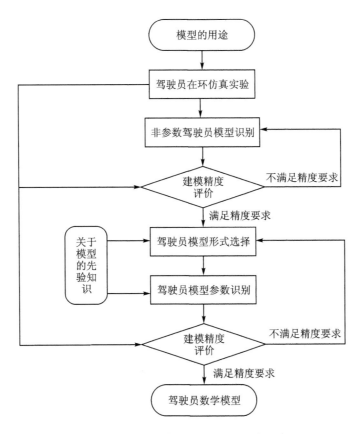

图 5-1　频域驾驶员实验建模的一般过程

5.2　参数识别的优化方法

频域拟线性驾驶员模型的基本形式是传递函数形式,例如 McRuer 模型和结构驾驶员模型。每种模型又包含多种形式,可以根据驾驶员描述函数的识别结果以及先验知识来选择。选定了驾驶员模型形式之后,需要对模型参数进行识别。

5.2.1　优化指标

确定驾驶员模型的形式后,可以根据描述函数的实验点来拟配驾驶员模型的参数。在对模型参数进行优化之前,需要确定合适的优化指标。驾驶员模型参数优化的目标是在频域内使驾驶员模型的幅频、相频与描述函数实验点接近。直观上可采用偏差平方和最小的指标,见下式:

$$J = \sum_{i=1}^{L} \left[|Y_{\mathrm{P\cdot m}}(\omega_i,\alpha)| - |Y_{\mathrm{P\cdot e}}(\omega_i)| \right]^2 +$$

$$W \sum_{i=1}^{L} \left[\angle Y_{\mathrm{P\cdot m}}(\omega_i,\alpha) - \angle Y_{\mathrm{P\cdot e}}(\omega_i) \right]^2 \tag{5-1}$$

式中:$|Y_{\mathrm{P\cdot m}}|$ 和 $\angle Y_{\mathrm{P\cdot m}}$ 分别代表驾驶员模型的幅频和相频特性;$|Y_{\mathrm{P\cdot e}}|$ 和 $\angle Y_{\mathrm{P\cdot e}}$ 分别代表

描述函数实验点的幅频和相频特性;W 代表幅值和相角之间的权系数,一般取为 $\pi/180° \approx$ 0.017 45;自变量 α 代表传递函数形式的驾驶员模型参数向量;ω 代表频率;下标 i 代表对应的频率点。分别计算 L 个不同频率下的偏差平方和,并将它们叠加起来,就得到了偏差平方和指标 J。

从实验获得的描述函数的精度来看,式(5-1)作为优化指标存在一个问题。在不同的频率范围内,描述函数实验点的相干函数 $\rho^2(\omega)$ 是不同的。某些点的 $\rho^2(\omega)$ 取值较高,说明描述函数数据精确;某些点的 $\rho^2(\omega)$ 取值较低,说明描述函数数据不够精确。在进行模型参数拟配时,应遵循"精确的实验数据是重要的"这一原则。为了体现这一思想,可以采用 $\rho^2(\omega)$ 对式(5-1)的不同频率点进行加权,见下式:

$$J = \sum_{i=1}^{L} \left[\left| Y_{P \cdot m}(\omega_i, \alpha) \right| - \left| Y_{P \cdot e}(\omega_i) \right| \right]^2 \cdot \rho^2(\omega_i) +$$

$$W \sum_{i=1}^{L} \left[\angle Y_{P \cdot m}(\omega_i, \alpha) - \angle Y_{P \cdot e}(\omega_i) \right]^2 \cdot \rho^2(\omega_i) \qquad (5-2)$$

式中:$\rho^2(\omega_i)$ 代表各频率点上的权重。

5.2.2　优化算法

考虑到驾驶员模型受人的生理条件限制,模型参数识别属于有约束的优化问题。按照式(5-2)定义的优化指标,设驾驶员模型的参数向量为 $\boldsymbol{\alpha} = (\alpha_1, \alpha_2, \cdots, \alpha_n)^T$,在约束条件下 n 维极值的优化问题可以描述为

$$J = f(\alpha_1, \alpha_2, \cdots, \alpha_n) \qquad (5-3)$$

n 个常量约束为

$$a_i \leqslant \alpha_i \leqslant b_i, i = 1, 2, \cdots, n \qquad (5-4)$$

为了求解 n 维目标函数 J 的极小值和极值点,可以采用不同的参数优化方法。例如,以梯度法为基础的各种算法或智能优化算法等,这些算法可利用 MATLAB 相关工具进行解算。

5.3　建模精度的分析方法

采用频域识别方法,首先识别出非参数模型,也就是描述函数的实验点;然后再拟配实验结果,得到参数模型。对应这两步的识别精度分别为:第一步的非参数模型精度用 AR_1 表示,$AR_1 = \rho^2(\omega)$,也就是描述函数的精度;第二步的参数模型精度用 AR_2 表示,代表参数拟配的精度,体现式(5-2)的拟配准则函数 J。对 AR_1 可以直接采用 $\rho^2(\omega)$ 作为精度评价公式。但由于优化指标 J 不满足精度公式的规范条件,所以不能从 J 数值的大小看出精确程度。例如,当 $J_{min} = 100$ 时,仍不能知道精度如何。因此,AR_2 不能直接采用拟配准则函数 J,需要建立与之相对应的第二步模型精度的规范性公式。另外,驾驶员模型的识别精度取决于两次识别的精度 AR_1 和 AR_2,但仅以此体现模型的识别精度是不确切的,还需要对比驾驶员在环仿真实验结果和由驾驶员模型构成的人机闭环系统仿真结果,由此评价建模的精度。

综上所述,驾驶员模型精度检验分为 3 步,分别是实验描述函数线性相关性检验、模型参数拟配精度分析和仿真检验。参数调整和精度检验过程如图 5-2 所示。

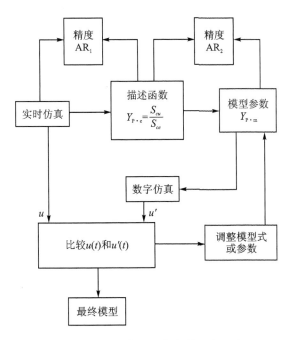

图 5 - 2　模型的参数调整和精度检验过程

5.3.1　精度公式的规范条件

驾驶员模型参数识别在系统识别中属于灰色系统识别。对于灰色系统识别,虽然没有统一的精度公式,但根据建模精度分析理论,精度公式除了要表示模型的准确性外,还应符合精度公式的规范条件。以 AR 代表模型精度,则 AR 应满足:

① 规范性:$AR \in [0 \quad 1]$。

② 直观性:模型误差越小,AR 越高,越接近 1;模型误差越大,AR 越低,越接近 0。

③ 唯一性:$AR = 1$,等价于模型误差为 0。

5.3.2　实验描述函数的精度公式

$\rho^2(\omega)$ 是驾驶员控制 u 与系统输入 c 的线性相关性函数,它体现了拟线性模型的适用程度。驾驶员实际操纵输出的功率谱为

$$S_{uu}(\omega) = \left| \frac{Y_P(j\omega)}{1 + Y_P(j\omega)Y_C(j\omega)} \right|^2 S_{cc}(\omega) + \left| \frac{1}{1 + Y_P(j\omega)Y_C(j\omega)} \right|^2 S_{nn}(\omega) \qquad (5-5)$$

式中:$S_{uu}(\omega)$ 是驾驶员控制 u 的功率谱;$S_{cc}(\omega)$ 是系统输入 c 的功率谱;$S_{nn}(\omega)$ 是驾驶员剩余 n 的功率谱。

定义

$$\rho^2(\omega) = \left| \frac{Y_P(j\omega)}{1 + Y_P(j\omega)Y_C(j\omega)} \right|^2 \frac{S_{cc}(\omega)}{S_{uu}(\omega)} \qquad (5-6)$$

因此,$\rho^2(\omega)$ 越接近 1,驾驶员剩余越小,线性相关性越好。描述函数

$$Y_P(j\omega) = \frac{S_{cu}(j\omega)}{S_{ce}(j\omega)} \qquad (5-7)$$

的线性相关性随频率的变化而变化。$\rho^2(\omega)$越接近于1,表示描述函数与实际的驾驶员控制越接近,因此能够用$\rho^2(\omega)$作为描述函数的精度评价公式AR_1。

5.3.3　模型参数拟配的精度分析

AR_2反映模型参数识别精度,与参数拟配准则式(5-2)对应。J越小,AR_2应该越大,参数拟配的精度越高,并且AR_2应满足5.3.1小节的规范性条件。

首先,将准则函数式(5-2)写成标准的加权最小二乘的形式

$$J = \boldsymbol{E}^{\mathrm{T}}(\omega,\alpha)\boldsymbol{E}(\omega,\alpha) \tag{5-8}$$

式中:$\boldsymbol{E}\in\boldsymbol{R}^n$,$n=2L$。误差的分量分别为

$$e_i(\omega_i,\alpha) = \big|\,|Y_{\mathrm{P\cdot m}}(\omega_i,\alpha)| - |Y_{\mathrm{P\cdot e}}(\omega_i)|\,\big|\cdot\rho(\omega_i), \qquad i=1,2,\cdots,L \tag{5-9}$$

$$e_i(\omega_i,\alpha) = W\big|\angle Y_{\mathrm{P\cdot m}}(\omega_i,\alpha) - \angle Y_{\mathrm{P\cdot e}}(\omega_i)\big|\cdot\rho(\omega_i), \quad i=L+1,L+2,\cdots,2L \tag{5-10}$$

根据向量范数的概念,误差向量$\boldsymbol{E}$的2范数为

$$\|\boldsymbol{E}\| = J^{\frac{1}{2}} = \big[\boldsymbol{E}^{\mathrm{T}}(\omega,\alpha)\boldsymbol{E}(\omega,\alpha)\big]^{\frac{1}{2}} \tag{5-11}$$

定义误差判据为

$$\Delta = \frac{1}{n}\|\boldsymbol{E}\| = \Big[\frac{1}{n}\sum_{i=1}^{n}e_i^2(\omega_i,\alpha)\Big]^{\frac{1}{2}} \tag{5-12}$$

Δ越小,说明数学模型与描述函数曲线越接近,因此Δ可以作为误差判据。进一步按照规范性条件建立精度公式

$$AR_2 = 1 - \frac{\Delta}{\bar{a}} \tag{5-13}$$

式中:

$$\bar{a} = \frac{1}{n}\sum_{i=1}^{n}a_i \tag{5-14}$$

$$a_i = |Y_{\mathrm{P\cdot e}}(\omega_i)|\rho(\omega_i), \qquad i=1,2,\cdots,L \tag{5-15}$$

$$a_i = W\angle Y_{\mathrm{P\cdot e}}(\omega_i)\rho(\omega_i), \quad i=L+1,L+2,\cdots,2L \tag{5-16}$$

式(5-13)~式(5-16)定义的精度公式满足规范性条件,并且与误差准则一致。当J取最小时,AR_2最大。

5.4　驾驶员模型参数识别示例

应用4.2.2小节给出的由单通道俯仰跟踪实验获得的描述函数,选择经典的McRuer模型形式

$$Y_{\mathrm{P}} = K_{\mathrm{e}}\mathrm{e}^{-\tau_{\mathrm{e}}s}\frac{T_{\mathrm{L}}s+1}{T_1s+1} \tag{5-17}$$

采用5.2节和5.3节介绍的模型参数识别和精度评价方法,进行驾驶员模型参数识别。

在式(5-17)中包含4个待定参数,分别是K_{e}、τ_{e}、T_{L}和T_1。其中,K_{e}代表驾驶员增益,τ_{e}代表驾驶员的反应时间延迟,T_{L}代表驾驶员的超前补偿时间常数,T_1代表驾驶员的滞后补

偿时间常数。受驾驶员生理条件的限制，McRuer 模型参数的约束为

$$\begin{cases} 1 \leqslant K_e \leqslant 100 \\ 0 \text{ s} \leqslant T_L \leqslant 2.5 \text{ s} \\ 0 \text{ s} \leqslant T_1 \leqslant 20 \text{ s} \\ 0.2 \text{ s} \leqslant \tau_e \leqslant 0.4 \text{ s} \end{cases} \tag{5-18}$$

在进行参数辨识时，τ_e 可取为 0.3 s。

经过参数优化，可选 $K_e = 1.304\ 5, T_L = 0.302\ 2$ s，$T_1 = 0.014\ 2$ s 作为 McRuer 模型参数的最终辨识结果，此时 $\text{AR}_2 = 0.972\ 0$。图 5-3 所示为驾驶员模型幅相频率曲线与描述函数实验点的对比结果。可以看出，模型的幅频特性与实验接近，但相频存在"低频下垂"现象，McRuer 提出了一种修改完善的驾驶员模型。该模型将在第 6 章介绍。

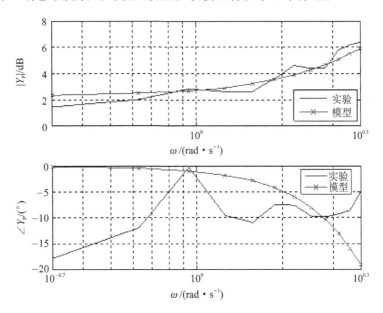

图 5-3　驾驶员模型幅相频率曲线与描述函数实验点的对比结果

练习题

1. 简述频域拟线性驾驶员实验建模的步骤。
2. 试述驾驶员模型参数识别优化指标的确定方法。
3. 为什么参数识别优化指标不能作为模型精度的评价公式？

第 6 章　经典驾驶员模型

第 5 章已经介绍了频域拟线性驾驶员模型的实验建模方法。基于对大量驾驶员在环仿真实验结果的分析,人们获得了有关驾驶员控制行为特性的经验知识。结合经典控制理论,总结出频域拟线性驾驶员模型的理论建模方法,即转角模型理论。本章着重介绍具有传递函数形式的驾驶员控制模型和理论建模方法,针对 McRuer 驾驶员模型和结构驾驶员模型,探讨利用转角模型理论确定驾驶员模型结构和参数的方法。

6.1　McRuer 驾驶员模型

从 20 世纪 50 年代开始,McRuer 基于对大量驾驶员在环仿真实验结果的分析,研究了驾驶员的控制行为特性,并提出一系列驾驶员模型形式。针对被控对象特性和飞行任务确定驾驶员模型的结构和参数,McRuer 提出了描述驾驶员自适应控制特性的转角模型理论。该理论是驾驶员理论建模的基础,在结构驾驶员模型建模中也得到了验证与应用。这些研究成果被用于人工控制驾驶员行为建模和飞行品质研究。

6.1.1　直觉驾驶员模型

McRuer 考虑人的补偿作用要求和控制行为特征,认为驾驶员在单自由度补偿控制任务中的作用相当于一个伺服机构。直观上,驾驶员模型应该包括反应时间延迟、增益和神经肌肉滞后三部分。

1. 反应时间延迟(Reaction time delay)

实验表明,人对外界刺激存在一个不可控的最小反应延迟时间 τ_d。该延迟描述了神经系统从接受信息到做出反应的最短时间。对人体生理实验的研究表明,随着刺激频率的提高,延迟相位线性增加。因此,在驾驶员模型中可以用延迟环节来表征这一特性,即 $e^{-\tau_d s}$。受人生理条件限制,大脑神经对视觉输入信息反应的延迟时间 τ_d 约为 0.15 s。

2. 增益(Gain)

任何反馈系统为获得合理的快速响应,减小控制误差,均要求开环增益尽量大。因此,驾驶员应在稳定性允许的范围内提高操纵增益,这体现了驾驶员对被控对象的自适应性,直观上可简单表达为 K_e。其取值与被控对象特性有关,例如当被控对象增益提高时,为了保持人机闭环的稳定性,K_e 应减小。

3. 神经肌肉滞后(Neuromuscular lag)

神经肌肉滞后特性反映驾驶员的四肢运动。神经肌肉系统相当于控制系统的执行机构。人体生理实验表明,当肌肉接受来自大脑的动作指令时,肌纤维异步收缩,呈时域指数响应特性。所以,可以用惯性环节 $1/(T_N s + 1)$ 近似这一特性,其中描述神经肌肉滞后的时间常数 T_N

为 0.1～0.2 s。

将上述特征综合,可以得到直观的驾驶员模型形式为

$$Y_P(j\omega) = K_e \frac{e^{-j\omega\tau_d}}{j\omega T_N + 1} \tag{6-1}$$

1965 年,McRuer 等人对被控对象 $Y_C(j\omega) = 1/j\omega$ 进行了补偿控制任务下的驾驶员在环仿真实验。对于不同带宽的输入指令($\omega_i = 1.5$ rad/s、2.5 rad/s、4.0 rad/s),均验证了直觉驾驶员模型结构的合理性,如图 6-1 所示。

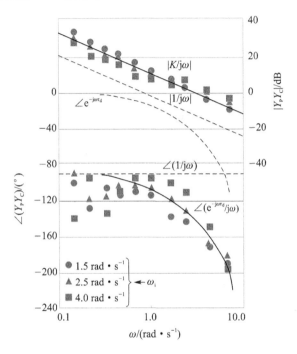

图 6-1　McRuer 直觉模型的实验验证

在图 6-1 中,虚线表示被控对象的幅值 $|Y_C|$ 和相角 $\angle Y_C$,实线表示拟合实验数据的开环幅值 $|Y_P Y_C|$ 和相角 $\angle Y_P Y_C$。当 $K_e = 6$ 时,$|Y_P Y_C|$ 与实验结果基本吻合;当 $\tau_d = 0.15$ s 时,$\angle Y_P Y_C$ 在高频范围内与实验结果基本吻合。经分析可知,被控对象属积分环节,驾驶员输出 u 与被控对象输出 y 的关系可表示为 $u = sy$,即驾驶员的输出与被控对象输出的变化率有关。驾驶员采用与 y 的微分成正比的控制,相当于引入一个超前项抵消了神经肌肉滞后的作用。而神经肌肉系统的延迟对低频段的影响不容忽视,因此低频相角拟合出现较大误差。

从实验结果来看,当被控对象为积分环节时,凭直觉建立的驾驶员模型是适用的。而对于其他形式的被控对象,直觉模型可能过于简单。

6.1.2　拟线性驾驶员模型

直觉驾驶员模型属于线性模型形式,可以运用已经发展得很成熟的线性系统理论进行分析和综合。但实际驾驶员的控制行为并不完全是线性的,尤其是针对不同的被控对象和不同的飞行任务,驾驶员模型的结构和参数均会不同。为了更合理地描述驾驶员的控制行为,研究人员提出了拟线性模型。该模型对线性模型做了如下修正:

① 驾驶员本身存在一个相当于随机噪声或剩余发生器的生理机构,以表征线性响应和真实响应之间的差别。

② 只要飞行任务和被控对象不变,描述驾驶员控制行为模型的参数也不变。这个包括剩余作用的驾驶员模型称为拟线性模型,其结构如图 6-2 所示。

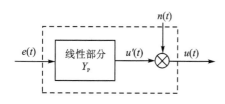

图 6-2　拟线性驾驶员模型结构

拟线性驾驶员模型包括两部分,即线性部分 Y_P 及剩余部分 n。严格讲,线性部分应属于描述函数,但为了方便描述,此处用传递函数表示。对于给定的飞行任务和被控对象,由剩余均方误差最小的指标确定线性传递函数。需要指出的是,拟线性驾驶员模型中的线性传递函数本质上是随飞行任务和被控对象的变化而变化的,这正是拟线性模型的特点,也正好能反映驾驶员的实际控制行为。只要飞行任务及被控对象在一定范围内变化,且传递函数的形式及参数值变动不大,拟线性驾驶员模型就有明显的使用意义。

6.1.3　McRuer 模型的改进形式

20 世纪 50 年代末,McRuer 和 Krendel 通过研究大量单自由度补偿控制任务,提出了一个拟线性驾驶员模型形式为

$$Y_P(j\omega) = K_e \frac{j\omega T_L + 1}{j\omega T_I + 1} \frac{e^{-j\omega\tau_d}}{j\omega T_N + 1} \tag{6-2}$$

$$U(j\omega) = Y_P(j\omega)E(j\omega) + N(j\omega) \tag{6-3}$$

式(6-2)中:τ_d 代表驾驶员反应时间延迟,为 $0.12\sim0.2$ s;T_N 代表神经肌肉系统固有的一阶延迟,约为 0.2 s;K_e 是控制增益,由驾驶员调节。

与直觉驾驶员模型结构相比,该模型增加了驾驶员补偿环节。控制增益和校正补偿体现了驾驶员对被控对象的自适应性。为了能够在稳定性允许的范围内获得合理的快速响应和控制精度,要求驾驶员根据被控对象特性做出相应的补偿。控制增益和补偿是通过驾驶员增益 K_e 和超前滞后网络 $(T_L s + 1)/(T_I s + 1)$ 来描述的,其中 T_L 为超前时间常数,T_I 为滞后时间常数。通常 T_L、T_I 结合 K_e 一起调节,使人机闭环系统符合使均方误差为最小的性能指标要求,且有 $60°\sim100°$ 的相角裕度。此时,驾驶员的平均特性接近一个良好的伺服控制机构。

McRuer 在随后的研究中又对上述模型做了一系列改进。首先,为了便于进行飞行品质评价,McRuer 将拟线性模型中的驾驶员反应时间延迟和神经肌肉滞后两个模块合并为一个延迟环节,取等效时间参数 τ_e 为 0.3 s。由此获得 McRuer 模型的改进形式如下:

$$Y_P(j\omega) = K_e \frac{j\omega T_L + 1}{j\omega T_I + 1} e^{-j\omega\tau_e} \tag{6-4}$$

另外,McRuer 等人通过大量实验发现,采用式(6-2)所示的驾驶员模型形式进行参数识别时,其低频段相角滞后拟合得不好。图 6-3 所示为当飞机被控对象取为 $Y_C = K_C/[s(s-1.5)]$、输入指令带宽取为 $\omega_i = 1.5$ rad/s 时的驾驶员模型拟合结果。

由于低频段开环幅值 $|Y_P Y_C|$ 较大,相角拟合差还不至于显著影响闭环特性。但如果被控对象不稳定,则需要低频段相角拟合好的驾驶员模型,从而改善闭环特性。为了使模型能更好地拟合实验曲线,McRuer 等人提出的另一个改进的模型形式为

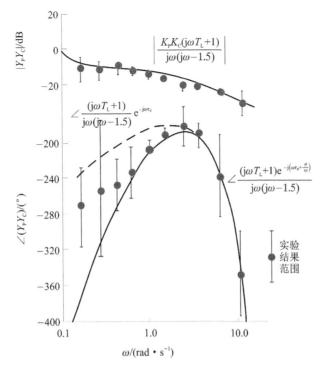

图 6 - 3　基本及改进的 McRuer 模型与实验的拟合比较

$$Y_{\mathrm{P}}(\mathrm{j}\omega) = K_{\mathrm{e}} \frac{\mathrm{j}\omega T_{\mathrm{L}} + 1}{\mathrm{j}\omega T_1 + 1} \mathrm{e}^{-\mathrm{j}(\omega\tau_{\mathrm{e}} + a/\omega)} \tag{6-5}$$

这一改进模型特别对延迟环节的相角滞后做了修正,a/ω 便是相应的相角滞后修正项,主要修正"低频相位下垂"。a 的值在 $0.1\sim0.5\ \mathrm{rad/s}$ 范围内变动,随被控对象 Y_{C} 阶次的提高和输入指令带宽 ω_{i} 的增加而增加。频率 ω 越小,相角滞后修正的作用越明显,因此,其主要作用是改善低频段相角的拟合。对于图 6 - 3 描述的实验结果,引入相角修正后,低频段相角的拟合改善十分明显。

由于驾驶员增益和相位补偿体现了驾驶员对被控对象的自适应特性,相应的驾驶员模型参数 K_{e}、T_{L} 和 T_1 与被控对象特性有关,也受输入指令的影响。建立 McRuer 模型的关键即为这三个参数值的正确选取。

6.2　转角模型理论

从自动控制理论角度看,自适应控制器就是一种随着过程动态特性和环境特点的变化而不断修正自身行为的控制器。

在由驾驶员和飞机构成的人机系统中,驾驶员是"控制器",飞机是被控对象。作为具有高级智能控制特性的个体,驾驶员能够依据对象和扰动的动态特性变化修正自己的控制行为,即驾驶员的控制具有自适应特性。转角模型理论就是描述驾驶员根据飞行任务要求、依据飞机特性实施自适应控制的规律。

6.2.1 驾驶员自适应特性描述

在单自由度补偿控制任务中,驾驶员的自适应特性体现在对飞机被控对象和跟踪指令带宽的适应上。经研究可知,人对被控对象的自适应呈现良好的伺服机构特性。为了降低系统稳态误差,驾驶员应提供尽可能大的控制增益;而为了保证系统的稳定性,驾驶员的控制力图使系统具有 $60°\sim100°$ 的相角裕度。图 6-4 所示为一个具有良好伺服机构特性的人机系统开环幅/相频率特性。

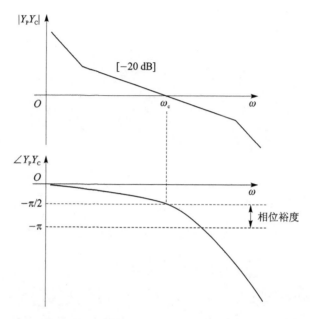

图 6-4 具有良好伺服机构特性的人机系统开环幅/相频率特性

分析图 6-4 可知,低频幅值高意味着系统稳态精度高,高频幅值低意味着系统抗干扰能力强。穿越频率(Crossover frequency)ω_c 高,则系统响应的快速性好。穿越频率 ω_c 附近定义为中频段,此时幅频特性曲线具有 -20 dB/十倍频程的斜率,开环传递函数近似为一个积分环节,从而保证系统的稳定性和平稳性。

除了被控对象特性以外,指令信号带宽也会影响驾驶员的控制。若用 ω_i 表示指令信号带宽,当 ω_i 较低时,驾驶员会尽量提高控制增益,使穿越频率 ω_c 大于输入带宽 ω_i;当 ω_i 在穿越频率附近时,为了保持闭环稳定性,驾驶员的操纵使 $|Y_P Y_C|\omega^2$ 保持常值;当 ω_i 较高时,驾驶员将忽略高频信号。

6.2.2 人机转角模型理论

转角模型理论就驾驶员的自适应性给出了定量的结论,即在穿越频率(也称转角频率)ω_c 附近,人机开环系统呈现良好的伺服机构特性,可用下式来描述此关系:

$$Y_P Y_C \approx \frac{\omega_c e^{-j\omega\tau_e}}{j\omega} \qquad (6-6)$$

式(6-6)与理想伺服器仅差一个延迟环节。转角频率 ω_c 及有效时间滞后 τ_e 随被控对象

Y_C 和指令输入带宽 ω_i 的变化可表示为如下关系：

$$\begin{cases} \omega_c \approx \omega_{c0}(Y_C) + \Delta\omega_c(\omega_i) \\ \tau_e \approx \tau_{e0}(Y_C) + \Delta\tau_e(\omega_i) \end{cases} \qquad (6-7)$$

式(6-7)中的 ω_{c0} 及 τ_{e0} 分别为 $\omega_i = 0$ 时的转角频率及有效时间滞后,它们是被控对象 Y_C 的函数。当 $\omega_i = 0$ 时,不存在系统不稳定问题,此时转角频率处的相角裕度可以为零,即

$$\varphi_{m0} = \angle \frac{\omega_{c0}\, e^{-j\omega_{c0}\tau_{e0}}}{j\omega_{c0}} - (-\pi) = \frac{\pi}{2} - \omega_{c0}\tau_{e0} = 0 \qquad (6-8)$$

因此

$$\omega_{c0} = \frac{\pi}{2\tau_{e0}} \qquad (6-9)$$

可见,ω_{c0} 与 τ_{e0} 有一定的内在联系。

式(6-7)中 $\Delta\omega_c$ 及 $\Delta\tau_e$ 是随输入带宽变化的转角频率及有效时间滞后增量。从实验数据拟合可得到以下经验公式：

$$\begin{cases} \omega_c \approx \omega_{c0} + 0.18\omega_i \\ \tau_e \approx \tau_{e0} - 0.07\omega_i \end{cases} \qquad (6-10)$$

图 6-5 给出了 $\omega_c - \omega_i$ 及 $\tau_e - \omega_i$ 的实验结果。由图可知,被控对象 K_C、$K_C/j\omega$ 及 $K_C/(j\omega)^2$ 的 ω_{c0} 约为 4.8 rad/s、4.4 rad/s 及 3.1 rad/s,τ_{e0} 约为 0.33 s、0.36 s 及 0.5 s。

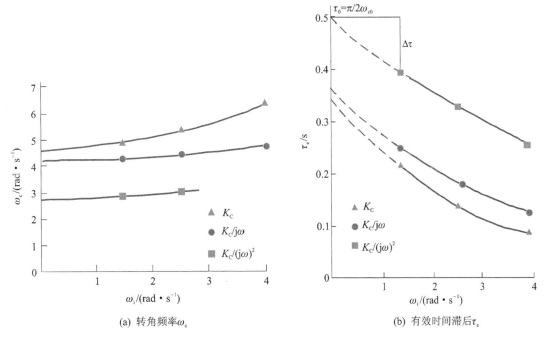

(a) 转角频率 ω_c　　　　　　　　　　(b) 有效时间滞后 τ_e

图 6-5　ω_c 及 τ_e 随 ω_i 及 Y_C 的变化

由于 ω_c 及 τ_e 都与 ω_i 有关,所以相角裕度 φ_m 随 ω_i 的变化关系更紧密。图 6-6 所示为 $\varphi_m - \omega_i$ 的实验结果。

通常当输入带宽 ω_i 不大时,驾驶员调整 ω_c 使其远大于 ω_i,以便在所有输入频率上使 $K > 1$。在这种情况下,经验性的误差功率与输入功率之比应满足所谓"1/3 定律",即

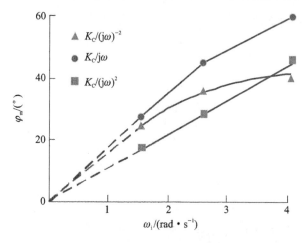

图 6 - 6 φ_m 随 ω_i 及 Y_C 的变化

$$\frac{\overline{e}^2}{\overline{c}^2} \approx \frac{1}{3}\left(\frac{\omega_i}{\omega_c}\right)^2 \tag{6-11}$$

当 ω_i 增加时，ω_c 逐渐与 ω_i 靠拢。此时，驾驶员会相应增加阻尼比，例如紧握操纵杆加强跟踪能力，避免出现谐振现象。

而当 ω_i 太大时，McRuer 等人认为驾驶员将完全忽视高频输入影响，回归到采取低频增益的策略使 $\omega_c \approx \omega_i$。此时，由于出现谐振，跟踪误差会显著增大。

从模型的实验数据发现，不论什么样的被控对象，在转角频率附近，不同试验者数据的分散性都大为减少。这说明，在此频段范围，所有实验者都采用了相同的控制策略，以避免系统不稳。转角模型是适用的，但转角模型的应用不能只限于转角频率附近，所以不能只看这个频段内的结果。研究表明，反映转角模型适用性的度量是前面提到的线性相关性指标 ρ^2。如果分析结果表明 ρ^2 比 1 小很多，则表示转角模型不适用。图 6 - 7 所示为被控对象为 $Y_C = K_C/j\omega$ 时，对不同的 K_C、ω_i 组合以及不同实验者得出的 ρ^2 关系。

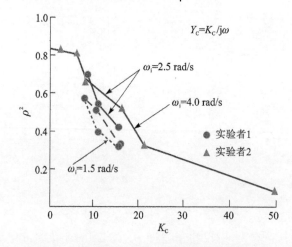

图 6 - 7 ρ^2 随 K_C、ω_i 及不同实验者的变化情况

由图可知，这三个因素中 K_C 的影响最大。对于大的 K_C，线性相关性指标 ρ^2 可降到 0.1 以下。

6.3 结构驾驶员模型的基本形式

McRuer 模型将人视作一个整体,描述其控制行为的动态特性,所以也称为功能模型(Function model)。虽然对于大多数控制任务,该模型与实际系统比较吻合,但仍有一些问题没有解决。例如,驾驶员的校准特性是根据什么机理产生的? 驾驶员对被控对象和环境是否生成一个内模型? 驾驶员凭借何种感觉评价任务的难易程度? 等等。这些问题可以通过分析结构驾驶员模型得到解答。

与 McRuer 模型相比,结构驾驶员模型不仅从整体控制效果上能够描述驾驶员的动态特性,而且它试图解释人形成控制过程的机理,进一步从人体的子系统水平上加以描述。结构驾驶员模型研究子系统特性与系统特性和外部环境的内在联系。由于该模型考虑得较细致,能够更好地拟配实验结果,对于深入研究人机耦合的机理有实际意义。

6.3.1 Smith 结构驾驶员模型建模思想

在控制系统的研究领域,Smith 于 1976 年首次提出了结构驾驶员模型的基本控制结构,如图 6-8 所示。

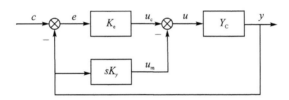

图 6-8 补偿跟踪任务中的 Smith 结构驾驶员模型

图中,K_e 为对应误差信号的驾驶员控制增益,u_c 代表直接对应误差信号的驾驶员控制输出。根据 Smith 的观点,按补偿任务要求,驾驶员的调节起系统"校准(Equalize)"作用。这种作用体现在结构驾驶员模型中,必须包含速率跟踪回路,也就是图 6-8 中的 u_m 反馈。驾驶员通过本体感受生成被控对象的内模型 $sK_y Y_C$,对估计出的 $\dot{y}$ 给出反馈控制,即为驾驶员的"校准"控制。驾驶员输出 u 表示为控制信号 u_c 与"校准"信号的差值 $u = u_c - u_m$。u_m 反馈的作用实质上是体现转角模型特性。为了说明这一点,将图 6-8 转换为与图 6-9 等效的驾驶员内反馈系统。

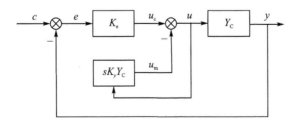

图 6-9 等效的驾驶员内反馈系统

表 6-1 列出了针对典型被控对象的驾驶员内反馈模型。由表可知,当被控对象为增益环节 K 时,驾驶员操纵为惯性环节,表现为积分 $K_e/(1+sK_yK)$ 特性;当被控对象为积分环节 K/s 时,驾驶员操纵表现为增益 $K_e/(1+K_yK)$ 特性;当被控对象为积分环节 K/s^2 时,驾驶员操纵表现为微分 $K_es/(s+K_yK)$ 特性。这体现了驾驶员与被控对象之间的 $-20\text{ dB}/$十倍频程斜率的转角模型特性。对二阶积分被控对象,为了在穿越频率处呈现转角模型特性,要求 K_y 比较大,这表示 u_m 会增加,而且意味着操纵难度增加。

表 6-1 结构驾驶员模型内反馈体现的人机关系

典型被控对象 Y_C	K	K/s	K/s^2
内反馈传递函数 $u_m/u=sK_yY_C$	sK_yK	K_yK	K_yK/s
驾驶员传递函数 Y_P	$K_e/(1+sK_yK)$	$K_e/(1+K_yK)$	$K_es/(s+K_yK)$
人机开环传递函数 Y_PY_C	$K_eK/(1+sK_yK)$	$K_eK/[(1+K_yK)s]$	$K_eK/[(s+K_yK)s]$

Smith 模型纯粹是基于反馈控制理论建立起来的,但它与其他结构模型提出的结构框图十分接近。图 6-10 所示为 McRuer 对误差视觉信号输入的补偿结构驾驶员模型形式。对比图 6-8 和图 6-10 可知,两个模型都包含内反馈回路,以描述驾驶员的本体感受。

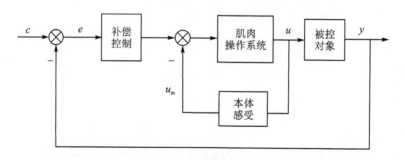

图 6-10 补偿跟踪任务中的 McRuer 结构驾驶员模型

6.3.2 驾驶员神经肌肉系统建模

结构驾驶员模型是从人体的子系统水平上对驾驶员的控制行为加以描述的。神经肌肉系统是驾驶员执行控制指令的子系统。本小节将简单介绍在人机控制动力学领域内描述驾驶员神经肌肉系统的方法。

神经肌肉系统的生理学研究主要着眼于运动神经纤维(Motor neural fiber)及其所支配的骨骼肌细胞(Skeletal muscle cell)的生理机能,例如兴奋、传导、传递、收缩等。正常情况下,起源于中枢神经系统的神经冲动,通过运动神经纤维传输至肌肉,产生动作电位,引起肌肉收缩,实现各种躯体活动。神经纤维的主要机能是传导冲动,骨骼肌纤维的主要机能是收缩。冲动和收缩的关系好比信息与效应的关系,是互相依存的两种不同的生理过程。

1．神经肌肉系统生理学特性

（1）神经肌肉兴奋

肌肉接受神经传来的冲动，在受刺激部位的细胞膜两侧产生一次短暂、可传递的电位变化，称为动作电位。兴奋指的就是动作电位产生的过程。而兴奋性指的是细胞受刺激时产生动作电位的能力。

刚能引起最小可察觉的收缩的刺激强度称为阈强（Threshold intensity）。低于此强度的刺激称为阈下刺激；高于此强度的刺激称为阈上刺激。阈强可反映肌肉的兴奋性，阈强低则兴奋性高。

产生兴奋有 3 个条件：足够的刺激强度；刺激要持续一定的时间；有一定的刺激强度对时间的变化率。这 3 个条件是互相影响的。图 6 - 11 所示为不同刺激强度（阈强）和对应的刺激持续时间的 ICR 曲线。

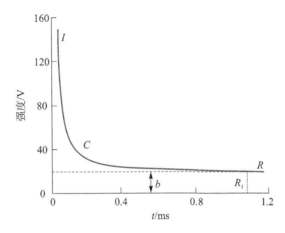

图 6 - 11　肌肉的刺激强度 ICR 变化曲线

由图可知，低于基强度 b 的任何刺激都不会引起收缩反应；并且，当刺激时间超过 R_1 后，时间因素实际上不再影响阈强。另一方面，I 的变化趋于与纵坐标平行，表示当刺激持续时间短于某一最短的时间后，无论多强的刺激都不会引起肌肉收缩。

此外，随着两次刺激的时间间隔及强度的变化，阈强也会发生一系列变化。刺激时间间隔短、强度大，则阈强大；刺激时间间隔长、强度小，则阈强小。

（2）神经纤维传导

神经的冲动是以生物电形式传导的。图 6 - 12 所示为单个神经元的结构，一个神经元产生的冲动，会通过神经纤维进行传导。传导速度与神经纤维的粗细有关，神经纤维越粗，传导速度越快。传入冲动起源于外感受器，向中枢神经系统传导；传出冲动起源于中枢神经或外周神经结，向外感受器传导。神经冲动大多是单向传导的。

（3）肌肉的收缩

冲动与收缩的关系相当于信号与效应的关系，肌肉收缩的直接效应是产生力和位移。

肌肉收缩是由肌膜动作电位所激发的。一个阈强刺激只能使少数运动单位产生一次动作电位，接着发生一次收缩，称为单收缩。肌肉的收缩分等张（Isotonic）和等长（Isometric）两种。等张收缩肌肉张力几乎不变，只是长度发生改变；等长收缩是长度几乎不变，只是张力发生改

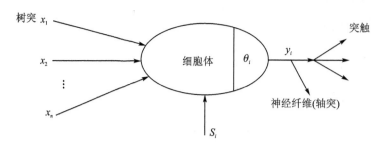

图 6 - 12　单个神经元结构

变。肢体的自由屈曲主要是等张收缩;用力握拳则属于等长收缩。通常的躯体动作则是两类收缩不同程度的组合。

如果两个阈上刺激迅速相继作用,则可能引起一次更大的收缩,或呈现二次收缩的重叠。这种现象称为收缩的总和。刺激间隔越短,则收缩的总和越明显。接连不断施加阈上刺激可进一步产生强直(Tetanus)收缩,如图 6 - 13 所示。引起强直收缩的最低刺激频率称为临界频率。最大强直收缩力约为单收缩力的 4 倍。一般情况下,人体运动实践中肌肉的收缩都属于强直收缩。

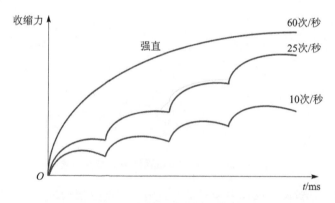

图 6 - 13　肌肉收缩的总和强直

2. 简化的骨骼肌对的作用机理

图 6 - 14 所示为控制手臂运动的简化骨骼肌对的示意图。运动肌(屈肌)和颉颃肌(伸肌)通过两端的肌腱连接在相应的骨骼上,肌肉的中间部位为肌腹,是主要收缩部件。肌肉的基本结构是肌纤维,而每条肌纤维包含上千条肌原纤维,是肌肉收缩和舒张的最基本功能单位。

正常情况下,肌腱处于一定的紧张状态,是少数运动单位轮流交替地被激活的结果。因此,即使处于肌紧张状态也不容易感到疲劳。肌紧张是一种生理反射活动,称为牵张反射(Stretch reflex)。牵张反射的感受器是肌梭(Muscular spindle),位于肌肉内。肌梭两端的肌管区梭内肌纤维由 γ 运动神经元支配,梭外肌纤维由 α 运动神经元支配。在运动神经纤维中,α 纤维约占 70%;γ 纤维约占 30%。当外力牵拉时,肌梭张力增加,肌梭的传入冲动作用于 α 运动神经元,引起梭外肌纤维的收缩。γ 运动神经元引起的梭内肌纤维向两端收缩,使肌梭感受器受到牵拉从而提高敏感度,使肌梭的传入发放冲动增加。

伸肌牵张反射在强力弯折力作用下受到抑制,使肌肉突然松弛。伸肌的这种伸长反应称为折刀反射。其感受器为肌腱中的腱梭,又称 Golgi 腱器官。只有大力牵拉时,腱器官才发放

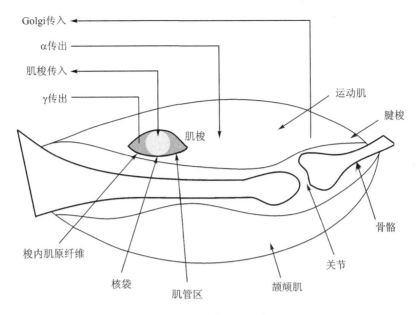

图 6 - 14　骨骼肌对示意图

冲动,使伸肌被拉长,出现折刀反射,且伴有屈肌的收缩。由腱器官传入引起的抑制,可避免因大力牵拉引起过度的牵张反射造成肌肉损伤,起到自身保护作用。

另一方面,腱反射也是一种肌肉张力维持在正常水平的调节机制。与肌梭引起的牵张反射相比较,肌梭通过正反馈调节肌肉的长度;腱器官则通过负反馈调节肌肉的张力。两者在肌肉反射活动中均起重要作用。

3. 神经肌肉系统的近似模型

强直刺激下,肌肉系统的近似模型如图 6 - 15 所示。

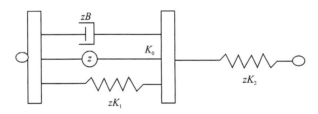

图 6 - 15　肌肉的一级近似参数模型

图中,z 表示刺激率为 z 的主动收缩元件;zB 是阻尼器;zK_1 和 zK_2 是串联弹簧,用于表示阶跃负荷产生的阶跃位移特性。由于所有被动元件都与 z 成比例,因而反映出非线性性质。肌肉收缩力 T_m 可表示为

$$T_m = K_0 z - zB\dot{x} - zK_1 x = zK_2 x' \qquad (6-12)$$

图 6 - 16 所示为一个神经肌肉系统的伺服机模型,用于表示控制肢体位置的框图。当量的位置指令由来自高级神经中枢的 γ 传出冲动,与肢体位置负反馈信号结合后,通过前向回路的肌梭传入控制元件,肌梭的传入冲动也作用于来自 α 运动神经元的传出指令,结合来自Golgi 腱器官的负反馈信号后,给出对肌肉的静刺激。

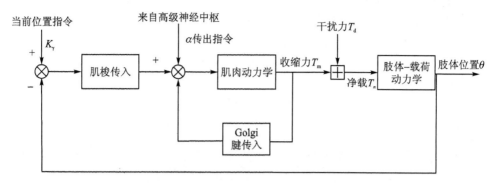

图 6 - 16　神经肌肉系统的伺服机模型

6.3.3　Hess 结构驾驶员模型

　　Hess 在 1979 年提出了补偿跟踪任务中的结构驾驶员模型。该模型由中枢神经系统和神经肌肉系统两部分组成，以便突出驾驶员的信号处理和控制指令生成两种功能。图 6 - 17 所示为 Hess 结构驾驶员模型的结构框图。

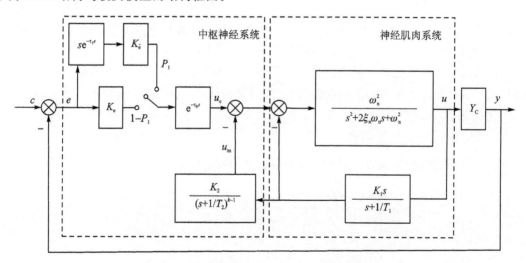

图 6 - 17　补偿跟踪任务中的 Hess 结构驾驶员模型

　　驾驶员通过视觉显示获得误差信号 e，τ_0 是视觉信号传递的潜伏期。e 的变化率由驾驶员估出，具有 τ_1 的计算延迟。K_e 和 $K_{\dot{e}}$ 分别是信号 e 和 $\dot{e}$ 的驾驶员增益。开关使 e 和 $\dot{e}$ 信号可由驾驶员以概率 P_1 选用"误差速率"及 $1-P_1$ 选用"误差"获得。ω_n 和 ξ_n 分别为神经肌肉系统的自振频率和阻尼比。u_c 和 u_m 组合的输入通过神经肌肉系统获得驾驶员的控制输出。K_1、K_2 分别为神经肌肉系统和中枢神经系统的反馈系数，而 T_1、T_2 分别为神经肌肉系统和中枢神经系统的反馈时间常数。中枢神经系统反馈中的 k 由被控对象在开环转角频率 ω_c 处的特性决定，体现转角模型的特性。

6.4　Hess 结构驾驶员模型的改进形式

R. A. Hess 提出一系列的结构驾驶员模型,形式相对比较简单和实用。更有意义的是,他基于这种模型建立了人机闭环系统特性与驾驶员评价的关系,并用于预测驾驶员诱发振荡(PIO)。

6.4.1　简化的结构驾驶员模型

图 6-18 描述了包含简化的 Hess 结构驾驶员模型的单通道补偿控制回路。该模型忽略了驾驶员对误差信号变化率 $\dot{e}$ 的估计。

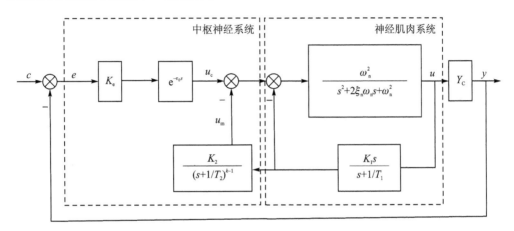

图 6-18　简化的 Hess 结构驾驶员模型

在简化的结构驾驶员模型中,驾驶员模型参数分为两类。一类是由人本身的生理条件限定的参数,称为驾驶员的固有参数或称黑参数,建议的取值见表 6-2。

表 6-2　简化的结构驾驶员模型黑参数取值表

模型参数	建议值
驾驶员反应延迟 τ_0/s	$0.1 \sim 0.2$
神经肌肉系统的固有频率 $\omega_n/(\text{rad} \cdot \text{s}^{-1})$	10
神经肌肉系统的阻尼比 ξ_n	0.707
神经肌肉系统的速率反馈系数 K_1	1.0

结构驾驶员模型中的另一类参数是驾驶员的自适应参数 k、K_e、T_1、T_2 和 K_2,也称红参数。这组参数适应于被控对象特性,随被控对象的变换而变化。由于转角模型理论体现了人机耦合的规律性,可以根据转角模型确定这组参数的理论值,或参数识别的初值。

Hess 的研究再次表明,驾驶员可利用本体感受和生成内模型来参与补偿跟踪任务。驾驶员根据开环转角频率附近的本体感受的性质是对 u 的微分、比例或积分来确定校准控制。这类控制取决于被控对象 Y_C 在 ω_c 附近的动力学特性,而 ω_c 又由任务性能要求和指令或干扰的带宽确定。因此,可以说任务性质要求、指令或干扰带宽以及特征参数 k 的综合确定了驾驶员内模型的动力学特性。

对于不同的被控对象,驾驶员的操纵特性不同,相应的模型参数也不同。Hess 将结构驾驶员模型用于评价飞行品质,主要是依据驾驶员的内反馈信号 u_m。在内反馈回路中,最重要的参数是 $K_2/(s+1/T_2)^{k-1}$ 中的 k,它决定了结构驾驶员模型的形式。确定 k 的基本原则是,在穿越频率 ω_c 附近,人机开环频率响应特性体现了表 6-1 给出的人机匹配关系,可根据被控对象在穿越频率 ω_c 附近的特性确定。

以纵向单通道俯仰跟踪任务为例,在穿越频率 ω_c 附近,俯仰角对杆力传递函数的幅/相频率特性可近似表示为

$$Y_C(j\omega) = K/(j\omega)^{k'} e^{j\omega\tau_C} \tag{6-13}$$

k 可根据被控对象幅频曲线在开环穿越频率附近的斜率 k' 和 τ_C 引起的相位延迟确定。如果在开环 $|Y_P Y_C|$ 穿越频率 ω_c 附近的斜率接近 -20 dB/十倍频程,且 τ_C 产生的相位延迟不大(一般认为应小于 $90°$),相当于被控对象特性近似为 $1/s$,则 $k'=1,k=1$。如果在开环 $|Y_P Y_C|$ 穿越频率 ω_c 附近的斜率接近 -20 dB/十倍频程,但 τ_C 产生的相位延迟较大(一般认为应大于 $90°$),则 $k'=1,k=2$。如果在开环穿越频率 ω_c 附近的斜率接近 -40 dB/十倍频程,相当于被控对象特性近似为 $1/s^2$,则 $k'=2,k=2$。如果在开环 $|Y_P Y_C|$ 穿越频率 ω_c 附近的斜率接近 0 dB/十倍频程,且 τ_C 产生的相位延迟不大(一般认为应小于 $90°$),相当于被控对象特性近似为 $1/s$,则 $k'=0,k=0$。

被控对象的特性不同,驾驶员内反馈的传递函数也不同。体现在结构驾驶员模型中,由被控对象在开环穿越频率 ω_c 附近的斜率和相位延迟共同决定参数 k。其他参数的初值可按表 6-3 估计,这是确定结构驾驶员模型参数的理论方法。

表 6-3 k 与结构驾驶员模型其他红参数初值的对应表

k	K_e	K_2	T_1	T_2
0	按 $\omega_c \approx 2.5$ rad/s 估计	2.0	5.0	5.0
1	按 $\omega_c \approx 2.5$ rad/s 估计	2.0	5.0	—
2	按 $\omega_c \approx 1.5$ rad/s 估计	10.0	2.5	2.5

针对两个带有延迟的积分环节被控对象,对比驾驶员在环仿真实验和简化的结构驾驶员模型结果,人机开环幅相频率特性如图 6-19 所示,参数值如表 6-4 所列。

表 6-4 简化的结构驾驶员模型的参数值

Y_C	k	K_e	K_1	K_2	T_1/s	T_2/s	τ_0/s	ξ_n	$\omega_n/(\text{rad} \cdot \text{s}^{-1})$
$(K/s)e^{-0.023\,8s}$	1	10.5	1	2	6.7	—	0.2	0.45	5.0
$(K/s)e^{-0.357s}$	2	4.2	1	5	2.5	2.5	0.5	0.75	6.0

分析图 6-19 可知,被控对象延迟会使开环幅频减小。为了保证系统稳定,驾驶员会减小控制增益。由表 6-4 可知,k 的选取不仅与被控对象在穿越频率处的斜率有关,而且与延迟有关。对于积分环节被控对象,小延迟时 $k=1$,大延迟时 $k=2$。

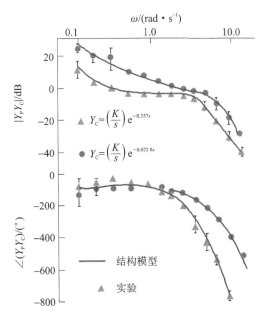

图 6 - 19　简化结构模型的理论与实验结果对比

6.4.2　追踪任务中的结构驾驶员模型

根据追踪任务的定义,其视觉显示中除了误差信号外,还应包括输入指令和/或系统输出信号,因而追踪任务的结构模型与补偿任务有所不同,如图 6 - 20 所示。图中的开关是针对在追踪任务中计及可能的补偿操纵。

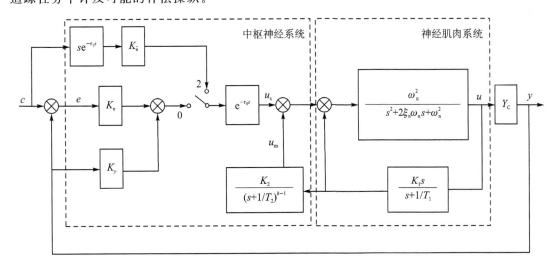

图 6 - 20　追踪任务中的 Hess 结构驾驶员模型

假设调整 T_1 和 T_2 的值,可以使得人机开环幅相频率特性在转角频率以下相当宽的范围内呈现出类似 K/s 积分环节特性。通过这些时间常数的调整还能够消除补偿任务中出现的低频"相角低垂(Phasedroop)"现象。如果驾驶员能够感受输入的变化率,并且将它作为主要的信号,就能使被控对象的低频特性发生实质性的改善。

6.4.3　利用运动感觉的结构驾驶员模型

Hess 在 1990 年发表了利用运动感觉的结构驾驶员模型，如图 6-21 所示。

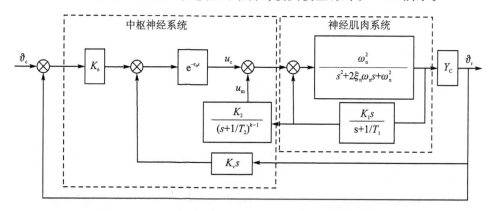

图 6-21　考虑运动感觉的 Hess 结构驾驶员模型

研究表明，结构驾驶员模型利用本体感受构成的内回路是主要的，而只利用运动感受构成的外回路起"微调"作用。引入外回路并不影响内回路结构参数，其主要的收益是改善状态的调节，对跟踪有一定好处。

6.5　衡量完成任务难易程度的尺度

在结构驾驶员模型的研究中，一直希望解决的一个问题是，如何应用驾驶员模型预测驾驶员主观衡量完成任务的难易程度？根据 Smith 的假设，认为驾驶员是以操纵速率的大小作为衡量任务难易程度的尺度。结构驾驶员模型中的 u_m 直接与被控对象由于控制作用的输出速率成正比，这是速率反馈的一种形式，因此可以用来预示任务的难易程度。Smith 以 σ_{u_m} 即 u_m 的均方根值作为衡量任务难易程度的尺度。

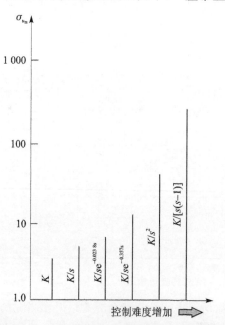

图 6-22　反映控制难易程度与 σ_{u_m} 的关系

图 6-22 所示定性地解释了 σ_{u_m} 与驾驶员评价之间的关系。对于 6 种不同的被控对象，相应的控制难易程度包括从非常容易到几乎不可控制。对每一种被控对象的结构模型参数选成容易从实验结果拟配出的驾驶员的传递函数。但是 K_e 则按此 6 种被控对象具有相同的 $Y_P Y_C$ 的转角频率要求确定。计算 σ_{u_m} 所用的控制指令输入是由白噪声通过截止频率为 2.0 rad/s 的一阶成型滤波器获得的。6 种被控对象对应的 $Y_P Y_C$ 转角频率选定为 2.5 rad/s。

从图 6-22 中不难看出，σ_{u_m} 确实是反映任务难易程度的一个敏感的尺度。从最易到最难控制，σ_{u_m} 值相差两个数量级。比较 K/s 与 $(K/s)\mathrm{e}^{-0.023\,8s}$ 两种被控对象可以看出，即使只引入 $0.023\,8\,\mathrm{s}$ 的延迟，也使 σ_{u_m} 增加了 33%。

采用 σ_{u_m} 作为衡量任务难易程度的尺度，利用最简单的补偿结构驾驶员模型便可分析操纵系统的"灵敏度"影响驾驶员感受完成任务的难易程度。

通常对给定的被控对象和操作机构，存在一个驾驶员认为最佳的操纵灵敏度（与 K 对应），灵敏度高于或低于此最佳值都能使驾驶员评价变差。此外，实验还表明，在很大的 K 值变动范围内驾驶员完全有能力保持转角频率固定不变，虽然 K 的变化会使与灵敏度有关的任务难易程度的评价在大范围变动。为了分析这一特性，采用图 6-8 的 Smith 结构驾驶员模型。选 $Y_c = K/s$，则传递函数 u_m/c 可表示为

$$\frac{u_m}{c} = \frac{sK_y}{[(1+KK_y)/KK_e]s+1} = \frac{sK_y}{s/\omega_c+1} \qquad (6-14)$$

式中，$\omega_c = KK_e/(1+KK_y)$，u_m 的均方根值由下式确定：

$$\sigma_{u_m} = \sqrt{\frac{1}{\pi}\int_0^\infty \left|\frac{u_m}{c}(\mathrm{j}\omega)\right|^2 S_{cc}(\omega)\mathrm{d}\omega} \qquad (6-15)$$

其中 $S_{cc}(\omega)$ 是输入 c 的功率谱密度。

如果在变动 K 的同时调整 K_y 和 K_e 使 ω_c 保持不变，则 σ_{u_m} 将随 K_y 单调变化。K 增大时，K_y 减小从而 σ_{u_m} 也减小。这就从理论上说明完成任务的难易程度与被控对象的灵敏度呈单调函数关系。

为了使跟踪误差不超过某个最大的操纵灵敏度对应值，从某 K 值起驾驶员必须随 K 增大也增大 K_e。但是为了保持 ω_c 不变，K_y 也应增大。由于 σ_{u_m} 正比于 K_y，所以

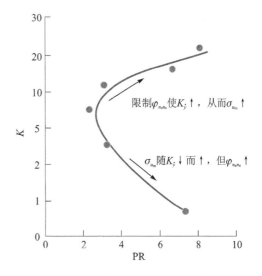

图 6-23　驾驶员评价与 K 的关系

存在一个最佳的灵敏度 K，从而使 σ_{u_m} 相对最小，实验结果如图 6-23 所示。

6.6　结构驾驶员模型应用示例

电传操纵系统中的人感系统特性直接影响驾驶员的控制行为，从而影响人机耦合特性。本节基于结构驾驶员模型构建人机闭环系统，分析不同人感系统对人机闭环系统的影响。

应用 R. A. Hess 在 20 世纪 90 年代提出的一种用于简单单自由度补偿跟踪控制的结构驾驶员模型，构建驾驶员-飞机闭环系统模型结构如图 6-24 所示。

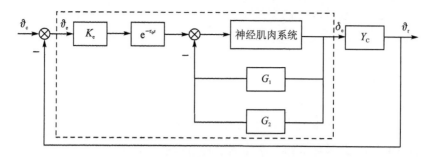

图 6 - 24   简单单自由度补偿跟踪控制的 Hess 结构驾驶员模型

图 6 - 24 中的飞机被控对象由典型飞机被控对象模型 Y'_C 和人感系统 Y_{FS} 构成,其计算公式为

$$Y_C = Y_{FS} Y'_C \qquad (6-16)$$

典型被控对象模型取为 $Y'_C = 1/s$。选取 3 种典型人感系统,分别为同步人感系统、快速人感系统和慢速人感系统。同步人感系统是指无相位滞后、保持增益不变的理想人感系统;慢人感系统是指动态响应较慢的人感系统;快人感系统是指动态特性响应快的人感系统。表 6 - 5 所列为本研究使用的 3 种人感系统简化模型,其中,阻尼比选为最佳阻尼比 0.7,频率为 26 rad/s 和 14 rad/s,分别代表"快"和"慢"的人感系统。

表 6 - 5   控制杆人感系统的简化模型

控制杆人感系统	同步人感系统	快人感系统	慢人感系统
Y_{FS}	1	$\dfrac{1}{(s/26)^2 + 2(0.7)/26 + 1}$	$\dfrac{1}{(s/14)^2 + 2(0.7)/14 + 1}$

图 6 - 24 中的虚线框描述了结构驾驶员模型的结构形式,其中 K_e 和 $e^{-\tau_0 s}$ 分别代表驾驶员的控制增益和反应时间延迟。神经肌肉系统采用简化模型的形式如下:

$$Y_{Nm} = \frac{\omega_n^2}{s^2 + 2\xi\omega_n s + \omega_n^2} \qquad (6-17)$$

图中的 G_1 和 G_2 分别代表驾驶员本体位置感觉响应控制杆和人工感觉系统的反馈,它可以代表一个力或一个位移。根据结构驾驶员模型建模的基本原理,G_1 和 G_2 用来衡量驾驶员对不同飞机被控对象特性的自适应能力。这种自适应性体现转角模型理论要求,即在穿越频率附近的人机开环幅值对频率的变化率为 -20 dB/十倍频程。G_1 可表示为

$$G_1 = \frac{K_1 s}{s + 1/T_1} \qquad (6-18)$$

G_2 可表示为

$$G_2 = \frac{K_2}{(s + 1/T_2)^{k-1}} \qquad (6-19)$$

上述结构驾驶员模型中,由人的生理特性决定的参数包括 $\tau_0 = 0.2$ s,$\xi = 0.707$,$\omega_n = 10$ rad/s,$K_1 = 1.0$。而描述驾驶员自适应特性的参数则须应用转角模型理论,依据被控对象特性 Y'_C 确定,具体方法参见 6.4.1 小节。

针对积分环节被控对象形式 $Y'_C = 1/s$,分别采用 3 种人感系统简化模型,可以确定几个驾

驶员自适应参数,包括 $k=1,K_2=2.0,T_1=5.0$。最后一个自适应参数是驾驶员的控制增益 K_e,它不仅与被控对象特性有关,而且受驾驶员操纵策略的影响。驾驶员的操纵可以是"保守型"的,也可以是"进取型"的。采用"保守型"操纵策略的驾驶员通常采取低增益控制(K_e 取小值),从而保证人机系统具有足够的稳定裕度;而采用"进取型"操纵策略的驾驶员则采取高增益控制(K_e 取大值),其代价是系统稳定裕度下降,但控制精度提高了。虽然增益 K_e 不会影响驾驶员-飞机系统的开环相频曲线,但当增益 K_e 取不同值时,穿越频率附近的相位会有所不同,相位裕度也不相同。以相位裕度为变量,给出驾驶员控制增益 K_e 和人机开环穿越频率 ω_c 与系统相位裕度的关系,如表 6-6 所列。

表 6-6　相位裕度与驾驶员增益 K_e 和穿越频率 ω_c 的关系
（典型被控对象为 $Y_C=1/s$）

相位裕度/(°)		45	60	80
同步人感系统	K_e	16.6	8.542	0.478 6
	$\omega_c/(\text{rad}\cdot\text{s}^{-1})$	4.2	2.154 4	0.141 5
快人感系统	K_e	12.88	6.942 2	0.441 6
	$\omega_c/(\text{rad}\cdot\text{s}^{-1})$	3.331	1.747 5	0.132
慢人感系统	K_e	11.22	5.643	0.407 0
	$\omega_c/(\text{rad}\cdot\text{s}^{-1})$	2.848	1.453	0.123

分析表 6-6 可知,对于同步人感系统,为保证相位裕度在 45°~80°之间,所需的驾驶员控制增益 K_e 的取值范围很宽,相应的穿越频率 ω_c 变化范围也很大。这说明不会因为驾驶员的不慎操作(K_e 改变)而影响整个系统的稳定性,体现了人机系统的鲁棒性,也说明了在这种情况下,被控对象 $Y_C=1/s$ 很好控制。同时还可以看出,增加 K_e 不会导致稳定裕度发生急剧变化,但穿越频率 ω_c 会提高,这可以提高控制精度。

将快人感系统与同步人感系统的计算结果进行对比可知,在相同的稳定裕度变化范围内(45°~80°),K_e 的取值范围明显减小,穿越频率 ω_c 也相应地降低。这说明,快人感系统比同步人感系统对驾驶员的要求更高,控制精度随之降低。

将慢人感系统与快人感系统的计算结果进行对比可知,在相同的稳定裕度变化范围内(45°~80°),K_e 的取值范围继续减小,穿越频率 ω_c 也相应地更低。这说明,慢人感系统比快人感系统对驾驶员的要求更高,控制精度进一步降低。

可见,在对驾驶员工作负荷方面,也就是在操纵难度方面,慢人感系统高于快人感系统,快人感系统高于同步人感系统;在控制精度方面,同步人感系统高于快人感系统,快人感系统高于慢人感系统。

练习题

1. 列写驾驶员直觉模型的表达式,并说明模型参数的含义。
2. 写出并解释 McRuer 等人提出的若干驾驶员模型。
3. 为什么提出拟线性驾驶员模型?它与线性驾驶员模型有什么本质区别?
4. 简单叙述应用转角模型时应当注意的事项(例如输入带宽、被控对象特性等)。

5. 分别以 K、$\dfrac{K}{s}$、$\dfrac{K}{s^2}$ 和 $\dfrac{K}{s^2}e^{-0.36s}$ 为被控对象,应用转角模型理论,估算 McRuer 模型 $Y_P = K_e\dfrac{T_1 s+1}{T_2 s+1}e^{-\tau_e s}$ 的参数。(按补偿控制任务,$\tau_e = 0.3$ s)

6. 结构模型可分为几个组成部分? 有哪些模型参数? 相对而言比较关键的参数是哪几个?

7. 如何利用结构模型衡量完成任务的难易程度?

8. 分别以 K、$\dfrac{K}{s}$、$\dfrac{K}{s^2}$ 和 $\dfrac{K}{s^2}e^{-0.36s}$ 为被控对象,进行驾驶员在环仿真实验,检验控制的难易程度。(按补偿控制任务)

第7章 最优驾驶员模型

在 20 世纪 60 年代末到 70 年代初期,Baron、Kleinmen 和 Levison 提出了驾驶员最优控制模型(Optimal Control Model,OCM)。他们认为,一个训练有素的驾驶员在实施控制时,会在任务要求及生理、心理条件限制下,尽可能以最优的方式进行控制,从而使人机闭环特性与最优反馈控制回路特性相当。由此建立了定量描述驾驶员控制行为的最优驾驶员模型。与经典驾驶员模型相比,OCM 模型属时间域的模型,并且可以很方便地描述驾驶员的多通道控制行为。利用该模型分析人机系统特性,其结果已获得不少的实验验证。研究结果表明,无论是简单的还是比较复杂的控制任务,都可以从这个模型的分析中得到比较可靠的预示结果。

7.1 最优驾驶员模型概述

最优驾驶员模型描述的驾驶员行为具有以下两个特点,即一个训练有素的驾驶员在实施控制时,会在任务要求及生理、心理条件限制下:

(1) 以最优的方式对飞机状态做出最佳的估计;

(2) 实施最优的控制。

基于现代控制理论中的 Kalman 滤波和二次型指标线性系统最优控制理论,可以实现上述模型功能。图 7-1 中的虚线框所示为 OCM 模型的基本结构。

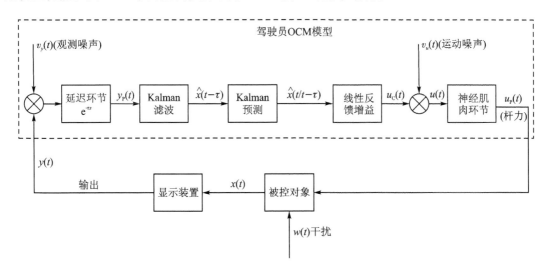

图 7-1 包含 OCM 的人机闭环系统

驾驶员的输入以视觉信号 $y(t)$ 为主,驾驶员通过座舱仪表显示和视景获得输入信息。另外,由于飞机、仪表的抖动以及人的生理条件限制,驾驶员不能对仪表等进行完全精确的读取,从而会产生观测噪声 $v_y(t)$。人的大脑对视觉输入的认知存在一个反应延迟,驾驶员对输入

信号的观测值可表示为

$$y_P(t) = y(t-\tau) + v_y(t-\tau) \tag{7-1}$$

根据驾驶员得到的对输入的观测值 $y_P(t)$，按线性最小方差估计得到状态变量的最佳估计 $\hat{x}(t-\tau)$，即 Kalman 滤波。根据 $\hat{x}(t-\tau)$，按线性最小方差过程估计预测状态变量在 t 时刻的估计值 $\hat{x}[t/(t-\tau)]$，即 Kalman 预测。根据状态变量的估计值 $\hat{x}(t)$，通过线性反馈增益得到驾驶员在大脑中形成的最优控制信号 $u_c(t)$。

当 $u_c(t)$ 转变成驾驶员动作时，受驾驶员操纵熟练程度、身体条件、精确性的影响，会产生运动噪声 $v_u(t)$。人的大脑形成的控制指令经运动噪声的干扰后，可表示为

$$u(t) = u_c(t) + v_u(t) \tag{7-2}$$

神经肌肉系统将驾驶员控制指令转变成对操纵机构的实际控制 $u_P(t)$（杆力或杆位移），若采用一阶环节表示神经肌肉系统的动力学特性，则

$$u_P(s) = \frac{1}{\tau_N s + 1} u(s) \tag{7-3}$$

在 OCM 建模过程中，需要确定的是 Kalman 滤波、Kalman 预测和线性反馈增益环节，以及观测噪声、运动噪声两个信号。而延迟环节和神经肌肉系统是由人的生理特性决定的，其结构和参数变化很小。

7.2　最优驾驶员模型的数学表达

7.2.1　最优状态调节器

图 7-1 中的被控对象及显示装置的特性用常系数线性系统的动态方程表示为

$$\begin{cases} \dot{x} = Ax + bu_P + Ew \\ y = Cx + du_P \end{cases} \tag{7-4}$$

式中：x 为 n 维状态变量；u_P 为一维控制变量；w 为 n 维零均值 Gauss 白噪声；y 为 r 维输出变量；A，b，C，d，E 为相应的矩阵或向量。

OCM 建模是一个优化问题，要求根据驾驶员对输入的观测值 u_P 选择最优控制 u，使性能指标

$$J(u_P) = E\left\{ \lim_{T \to \infty} \frac{1}{T} \int_0^T (y^T Q y + g\dot{u}_P^2) \, dt \right\} \tag{7-5}$$

最小。式中：y 为被控对象输出，即驾驶员的输入，在补偿控制任务中 y 为跟踪误差；u_P 为驾驶员输出，即被控对象的输入，可以是杆力或杆位移；指标 J 由两部分组成，其中 $y^T Q y$ 反映控制精确性要求，$g\dot{u}_P^2$ 反映驾驶员工作负荷要求，J 越小意味着控制精度越高，工作负荷越小，飞行品质要求也正是从这两方面体现的；权矩阵 Q 是一个对角矩阵，描述各个输入信号 y_i 对驾驶员控制的影响程度，Q 的确定通常是根据对实验数据进行拟合或者试凑获得。

与操纵量的大小相比，操纵量的变化率更能体现驾驶员的工作负荷，因此用 $\dot{u}_P$ 代替 u_P 构建优化指标。$g\dot{u}_P^2$ 相当于限制了操纵速率，权值 g 取决于神经肌肉延迟，由 τ_N 确定。

由于最优性能指标中有一项是 $\dot{u}_P$，而不是 u_P，导致式（7-3）不是线性系统二次调节器的

标准形式,因此需要对被控对象和最优性能指标进行标准化处理,以便于最优问题的求解。引入增广状态变量 u_P,则原状态方程可改写为

$$\begin{cases} \dot{\boldsymbol{x}} = \boldsymbol{A}\boldsymbol{x} + \boldsymbol{b}u_\mathrm{P} + \boldsymbol{E}\boldsymbol{w} \\ \dot{u}_\mathrm{P} = \mu \end{cases} \tag{7-6}$$

即

$$\begin{bmatrix} \dot{\boldsymbol{x}} \\ \dot{u}_\mathrm{P} \end{bmatrix} = \begin{bmatrix} \boldsymbol{A} & \boldsymbol{b} \\ 0 & 0 \end{bmatrix} \begin{bmatrix} \boldsymbol{x} \\ u_\mathrm{P} \end{bmatrix} + \begin{bmatrix} \boldsymbol{0} \\ 1 \end{bmatrix} \mu + \begin{bmatrix} \boldsymbol{E} \\ 0 \end{bmatrix} \boldsymbol{w} \tag{7-7}$$

原输出方程可改写为

$$\boldsymbol{y} = \boldsymbol{C}\boldsymbol{x} + \boldsymbol{d}u_\mathrm{P} \tag{7-8}$$

令 $\boldsymbol{\chi}_1 = \begin{bmatrix} \boldsymbol{x} \\ u_\mathrm{P} \end{bmatrix}$,动态方程可化为标准化形式

$$\begin{cases} \dot{\boldsymbol{\chi}}_1 = \boldsymbol{A}_0 \boldsymbol{\chi}_1 + \boldsymbol{b}_0 \mu + \boldsymbol{E}_0 \boldsymbol{w} \\ \boldsymbol{y} = \boldsymbol{C}_0 \boldsymbol{\chi}_1 \end{cases} \tag{7-9}$$

式中:$\boldsymbol{A}_0 = \begin{bmatrix} \boldsymbol{A} & \boldsymbol{b} \\ 0 & 0 \end{bmatrix}$,$\boldsymbol{b}_0 = \begin{bmatrix} \boldsymbol{0} \\ 1 \end{bmatrix}$,$\boldsymbol{E}_0 = \begin{bmatrix} \boldsymbol{E} \\ 0 \end{bmatrix}$,$\boldsymbol{C}_0 = \begin{bmatrix} \boldsymbol{C} & \boldsymbol{d} \end{bmatrix}$。

将 $\boldsymbol{y} = \boldsymbol{C}_0 \boldsymbol{\chi}_1$ 和 $\dot{u}_\mathrm{P} = \mu$ 代入式(7-9),可以得到二次型标准化形式的最优性能指标

$$J(\mu) = \mathrm{E} \left\{ \lim_{T \to \infty} \frac{1}{T} \int_0^T (\boldsymbol{\chi}_1^\mathrm{T} \boldsymbol{Q}_0 \boldsymbol{\chi}_1 + \mu^\mathrm{T} g \mu) \, \mathrm{d}t \right\} \tag{7-10}$$

式中:$\boldsymbol{Q}_0 = \boldsymbol{C}_0^\mathrm{T} \boldsymbol{Q} \boldsymbol{C}$。

式(7-9)和式(7-10)是标准的最优状态调节器问题,其最优解为

$$\mu(t) = \dot{u}_\mathrm{P}(t) = -\boldsymbol{L}\boldsymbol{\chi}_1(t) \tag{7-11}$$

如果最优反馈增益矩阵表示为 $\boldsymbol{L} = g^{-1} \boldsymbol{b}_0^\mathrm{T} \boldsymbol{K}_0 = \begin{bmatrix} l_1 & l_2 & \cdots & l_{n+1} \end{bmatrix}$,其中 $\boldsymbol{K}_0$ 是 Riccati 方程 $\boldsymbol{A}_0^\mathrm{T} \boldsymbol{K}_0 + \boldsymbol{K}_0 \boldsymbol{A}_0 + \boldsymbol{Q}_0 - \boldsymbol{K}_0 \boldsymbol{b}_0 g^{-1} \boldsymbol{b}_0^\mathrm{T} \boldsymbol{K}_0 = 0$ 的解,则式(7-11)可改写成

$$\dot{u}_\mathrm{P}(t) = -\begin{bmatrix} l_1 & l_2 & \cdots & l_n \end{bmatrix} \hat{\boldsymbol{x}}(t) - l_{n+1} u_\mathrm{P}(t) \tag{7-12}$$

即

$$\dot{u}_\mathrm{P}(t)/l_{n+1} + u_\mathrm{P}(t) = -\boldsymbol{L}^* \hat{\boldsymbol{x}}(t) = u_\mathrm{c}(t) \tag{7-13}$$

式中:线性反馈增益 $\boldsymbol{L}^* = \begin{bmatrix} l_1 & l_2 & \cdots & l_n \end{bmatrix} / l_{n+1}$,$i = 1, 2, \cdots, n$。如果求出状态变量 $\boldsymbol{x}(t)$ 的最佳估计值 $\hat{\boldsymbol{x}}(t)$,就可以根据式(7-13)确定最优解 $u_\mathrm{c}(t)$。$\hat{\boldsymbol{x}}(t)$ 可由 Kalman 滤波确定。

对式(7-13)进行拉氏变换,得到

$$u_\mathrm{P}(s) = \frac{1}{1 + s/l_{n+1}} u_\mathrm{c}(s) \tag{7-14}$$

与式(7-3)对比可知,$l_{n+1} = \tau_\mathrm{N}$,此结果可用于检查最优解。

7.2.2　Kalman 滤波和估计

考虑运动噪声的影响,合并式(7-2)和式(7-3),可以得到驾驶员大脑形成的控制指令 $u_\mathrm{c}(t)$ 与实际操纵输出 $u_\mathrm{P}(t)$ 之间的关系为

$$\tau_\mathrm{N} \dot{u}_\mathrm{P}(t) + u_\mathrm{P}(t) = u_\mathrm{c}(t) + v_u(t) \tag{7-15}$$

令 $\boldsymbol{\chi}=\begin{bmatrix}\boldsymbol{x}\\\boldsymbol{u}_P\end{bmatrix}$，以 $u_c(t)$ 作为控制输入，将被控对象的状态方程与驾驶员的神经肌肉系统合并，得到新的状态方程为

$$\begin{cases}\dot{\boldsymbol{\chi}}=\boldsymbol{A}_1\boldsymbol{\chi}+\boldsymbol{b}_1u_c+\boldsymbol{w}_1\\\boldsymbol{y}=\boldsymbol{C}_0\boldsymbol{\chi}\end{cases}\tag{7-16}$$

式中：$\boldsymbol{A}_1=\begin{bmatrix}\boldsymbol{A}&\boldsymbol{b}\\0&-\dfrac{1}{\tau_N}\end{bmatrix},\boldsymbol{b}_1=\begin{bmatrix}\boldsymbol{0}\\\dfrac{1}{\tau_N}\end{bmatrix},\boldsymbol{w}_1=\begin{bmatrix}\boldsymbol{Ew}\\\dfrac{v_u}{\tau_N}\end{bmatrix}$。

假设观测噪声 v_y、运动噪声 v_u 和大气扰动 w 均为零均值的 Gauss 白噪声信号，其方差为

$$\begin{cases}E\{\boldsymbol{v}_y(t)\boldsymbol{v}_y^T(\sigma)\}=\bar{\boldsymbol{V}}_y\delta(t-\sigma)\\E\{v_u(t)v_u^T(\sigma)\}=\bar{\boldsymbol{V}}_u\delta(t-\sigma)\\E\{\boldsymbol{w}(t)\boldsymbol{w}^T(\sigma)\}=\bar{\boldsymbol{W}}\delta(t-\sigma)\end{cases}\tag{7-17}$$

式中：$\bar{\boldsymbol{V}}_y,\bar{\boldsymbol{V}}_u,\bar{\boldsymbol{W}}$ 分别是各信号强度的均方值；当 $t=\sigma$ 时，$\delta=1$；当 $t\neq\sigma$ 时，$\delta=0$。由 Kalman 滤波可以得到

$$\dot{\hat{\boldsymbol{\chi}}}(t-\tau)=\boldsymbol{A}_1\hat{\boldsymbol{\chi}}(t-\tau)+\Sigma_1\boldsymbol{C}_0^T\bar{\boldsymbol{V}}_y^{-1}[\boldsymbol{y}_P(t)-\boldsymbol{C}_0\hat{\boldsymbol{\chi}}(t-\tau)]+\boldsymbol{b}_1u_c(t-\tau)\tag{7-18}$$

式中：Σ_1 为 Riccati 方程 $\boldsymbol{A}_1\Sigma_1+\Sigma_1\boldsymbol{A}_1^T+\bar{\boldsymbol{W}}_1-\Sigma_1\boldsymbol{C}_0^T\bar{\boldsymbol{V}}_y^{-1}\boldsymbol{C}_0\Sigma_1=\boldsymbol{0}$ 的解，其中 $\bar{\boldsymbol{W}}_1=\begin{bmatrix}\bar{\boldsymbol{W}}&0\\0&\bar{V}_u/\tau_N^2\end{bmatrix}$，由 Kalman 预测可以解得

$$\hat{\boldsymbol{\chi}}(t)=\boldsymbol{\xi}(t)+e^{\boldsymbol{A}_1\tau}[\hat{\boldsymbol{\chi}}(t-\tau)-\boldsymbol{\xi}(t-\tau)]\tag{7-19}$$

式中：$\boldsymbol{\xi}$ 由 $\dot{\boldsymbol{\xi}}(t)=\boldsymbol{A}_1\boldsymbol{\xi}(t)+\boldsymbol{b}_1u_c(t)$ 方程求解。

7.3 最优驾驶员模型应用中涉及的问题

针对不同的控制任务，OCM 模型的输入变量与输出变量的形式也不相同，并且输入变量 $\boldsymbol{y}$ 中可能包含两类输入量，即显示给驾驶员的某一个输入变量 y_i 和驾驶员估计出的变化率 $\dot{y}_i$。例如，在俯仰补偿控制任务中，输入可选为 $\boldsymbol{y}=[\vartheta\quad\dot{\vartheta}]$，输出 u_P 为操纵杆力。OCM 模型在时域中的表达是线性常系数的，转换到频域中可得到驾驶员描述函数 $Y_P(j\omega)=u_P(j\omega)/y(j\omega)$，剩余项则由观测噪声的方差 $\bar{\boldsymbol{V}}_y$ 和运动噪声的方差 $\bar{\boldsymbol{V}}_u$ 表示。

观测噪声的方差 $\bar{\boldsymbol{V}}_y$ 与显示装置特性、环境条件以及驾驶员的固有特性有关。在高分辨显示直视条件下，v_{y_i} 的方差 $(\bar{V}_y)_i$ 大约为 0.01π，它与相应显示 y_i 的方差的关系可表示为

$$(\bar{V}_y)_i=\pi\boldsymbol{P}_{y_i}E\{y_i^2\},\quad i=1,2,\cdots,r\tag{7-20}$$

式中：$\boldsymbol{P}_{y_i}$ 称为观测噪信比，其平均值约为 0.01，相当于正频率域内噪声功率谱密度为 -20 dB。

运动噪声的方差 $\bar{\boldsymbol{V}}_u$ 定义为

$$\bar{V}_u = \pi P_u \mathrm{E}\{u_c^2\} \qquad\qquad (7-21)$$

式中：运动信噪比 P_u 的典型值为 0.003，相当于 $-25\ \mathrm{dB}$。

从式(7-20)和式(7-21)可以看出，观测噪声的方差 $\bar{V}_y$ 和运动噪声的方差 $\bar{V}_u$ 是驾驶员视觉输入 y 和控制指令 u_c 的函数。也就是说，在已知 y 和 u_c 的情况下，才能计算 $\bar{V}_y$ 和 $\bar{V}_u$。但从图 7-1 描述的人机闭环系统来看，在形式上观测噪声 v_y 和运动噪声 v_u 是外作用，影响人机闭环回路中的 y 和 u_c。也就是说，已知 v_y 和 v_u 才能确定 y 和 u_c。因此，方差 $\bar{V}_y$ 和 $\bar{V}_u$ 需要迭代求解。

方差 $\bar{V}_y$ 和 $\bar{V}_u$ 的迭代步骤如下：

① 给定初值 $\bar{V}_{y0}$、$\bar{V}_{u0}$ 和精度要求 esp；

② 求解最优滤波问题，得到 Riccati 方程的解 Σ_1；

③ 由 $\bar{V}_{y0}$、Σ_1 求出 $\boldsymbol{X} = \mathrm{E}\{\boldsymbol{\chi}(t)\boldsymbol{\chi}^{\mathrm{T}}(t)\}$；

④ $\mathrm{E}\{y_i^2(t)\} = (\boldsymbol{C}_0 \boldsymbol{X} \boldsymbol{C}_0^{\mathrm{T}})_i$，$\mathrm{E}\{u_c^2(t)\} = X_{nn}$；

⑤ $(\bar{\boldsymbol{V}}_y)_i = \pi \boldsymbol{P}_{y_i} \mathrm{E}\{y_i^2\}$，$\bar{V}_u = \pi P_u \mathrm{E}\{u_c^2\}$；

⑥ 如果 $|\bar{\boldsymbol{V}}_y - \bar{\boldsymbol{V}}_{y_0}| \geqslant \mathrm{esp}$，则 $\bar{\boldsymbol{V}}_{y_0} = \bar{\boldsymbol{V}}_y$，$\bar{\boldsymbol{V}}_{u_0} = \bar{\boldsymbol{V}}_u$，转到步骤②；

⑦ 获得方差 $\bar{V}_y$ 和 $\bar{V}_u$。

这里需要指出的是，根据现代控制理论的分离定理，最优控制(u_c)与最佳估计(以 Σ_1 衡量)是互相独立的，但式(7-21)说明 Σ_1 的确定与 u_c 有关。因此事实上只能获得次优控制。

为了应用 OCM 模型，还必须知道驾驶员典型的反应时间延迟 τ 和神经肌肉滞后的时间常数 τ_N。有资料给出 $\tau = 0.15 \sim 0.25\ \mathrm{s}$ 和 $\tau_N = 0.1 \sim 0.3\ \mathrm{s}$，其中 $\tau_N = 0.1\ \mathrm{s}$ 可认为是典型值。

最优状态调节器的优化目标函数式(7-5)中的加权矩阵 $\boldsymbol{Q}$ 为非负对角矩阵，由经验或试算确定。加权系数 g 不是一个独立参数，$g = k_{nn}\tau_N$，其中 k_{nn} 为由 Riccati 方程求出的 $\boldsymbol{K}_0$ 中的第 n 行第 n 列元素，所以 g 需要迭代求解。

权重 g 的迭代步骤如下：

① 给定初值 g_0 和精度要求 esp；

② 求解最优控制问题，由 Riccati 方程得 k_{nn}；

③ $g = k_{nn}\tau_N$；

④ 如果 $|g_0 - g| \geqslant \mathrm{esp}$，则 $g_0 = g$，转到步骤②；

⑤ 获得权重 g。

7.4　最优注意力分配问题

当驾驶员的视觉输入为多变量时，存在对观察量的扫描或注意力分配问题。由于这类问题主要涉及观察噪声，根据 Levision 的意见，此时观察噪声的协方差可描述为

$$\bar{V}_{y_i} = \frac{\rho_i^0}{f_i}\left[\frac{\sigma_i}{N(\sigma_i, a_i)}\right]^2, \quad i = 1, 2, \cdots, m \qquad (7-22)$$

式中：σ_i 是 y_i 的均方值，y_i 越大，则 $\bar{V}_{y_i}$ 越大；ρ_i^0 是对某一观察量的信噪比，典型值为 0.01π；f_i 是驾驶员对该观察量注意的百分比，且有

$$\sum_{i=1}^{m} f_i = f_{\text{tot}}, \quad f_i \geqslant 0 \tag{7-23}$$

式中：f_{tot} 是对该控制任务所占用的总的注意力百分比（$f_{\text{tot}} \leqslant 1$）；$f_i$ 大意味着注意力更集中，则 $\bar{V}_{y_i}$ 越小；$N(\sigma_i, a_i)$ 是误差补余函数，表示为

$$N(\sigma_i, a_i) = \text{erfc}\left(\frac{a_i}{\sigma_i \sqrt{2}}\right) = \frac{2}{\pi} \int_{a/(\sigma_i \sqrt{2})}^{\infty} \mathrm{e}^{-x^2} \mathrm{d}x \tag{7-24}$$

由于人对视觉信息的感觉存在一个门槛值，驾驶员能感知的最小输入量称为观测阈值 a。当 $|y_i| < a$ 时，驾驶员不能观测到该信号。式（7-24）给出了能够观测到的信号 y_i 的概率。通常情况下 a 越大，则 $\bar{V}_y$ 越大。

练习题

1. 简述 OCM 模型的建模思想，画出 OCM 驾驶员模型的框架结构，给出各部分的模型描述形式。

2. 解算 OCM 模型需要解决什么特殊问题？

第8章 智能驾驶员模型

前面几章介绍的驾驶员模型适用于描述驾驶员实施人工控制的连续操纵行为,是线性或拟线性系统的驾驶员模型。这类模型是基于经典控制理论和现代控制理论建立的。随着智能控制理论和飞行控制技术的发展,为了提高飞行的安全性,在智能飞行控制器设计中,需要充分考虑驾驶员的智能控制行为,以实现更好的人机协同,提高任务效率和飞行安全性。

在飞行过程中如果出现飞机系统故障、飞机结构损伤、控制模态切换等情况,飞机的飞行动力学特性会突然改变,驾驶员的控制行为也随之变化,从而导致驾驶员-飞机闭环系统呈现非线性瞬态特性。这种非线性瞬态变化非常复杂,具有突然性、时变性、非线性和不确定性,极易诱发不良人机耦合。严重的不良人机耦合会导致飞机失控,引发致命的飞行事故。研究人机系统特性突变情况下的不良人机耦合问题,对于有人驾驶飞机的飞行控制系统设计和驾驶员训练具有指导意义,从而能够提高飞行安全性,改善飞行品质。

在飞机特性发生突变时,驾驶员需要根据任务要求,运用已有的知识对当前的飞行态势进行逻辑推理和判断决策,这对驾驶员的智能控制水平提出了更高的要求。驾驶员大脑工作负担的增加大大提高了不良人机耦合发生的概率,影响了飞机性能的发挥,并且进一步影响飞机的作战效能和飞行安全。

针对飞机特性突变情况下的人机系统非线性瞬态特性、驾驶员的智能化行为特点,应不局限于将驾驶员模型描述为一个连续的控制机构,或是独立的离散决策模型,而是建立一个全面的包括驾驶员逻辑推理、判断决策和人工操作行为的智能化模型。目前,驾驶员智能控制行为特征和建模方法的研究不仅在航空领域有明确需求,而且在汽车、船舶等有人驾驶和无人驾驶交通工具的控制系统的设计和安全运营中也有重要的应用前景。

本章研究驾驶员智能控制行为的模型及其应用,分别从驾驶员的感知、决策和执行过程分析驾驶员的控制行为特征,介绍智能驾驶员模型的概念和框架结构。

8.1 智能驾驶员模型结构

在人机系统中,驾驶员的控制行为特性除人工连续操作外,还需要对异常情况进行感知、判断和决策,建模时需要考虑建立一个全面的包括驾驶员人工操作、智能感知和判断决策行为的智能化模型。

智能化的人或控制器系统结构包括感知、决策和执行三个部分。感知通过视觉、触觉感受,将信息传递给中枢神经系统。决策是人基于知识的推理、判断从而形成决策方案和控制指令的过程。人的决策依赖于个人经验、技能、知识及心理因素。决策行为要结合智能控制和决策理论建模,是人类认知控制行为的核心。执行是由人的四肢完成的,其功能是响应大脑发出的控制指令。智能驾驶员模型构成的人机系统结构如图 8-1 所示。

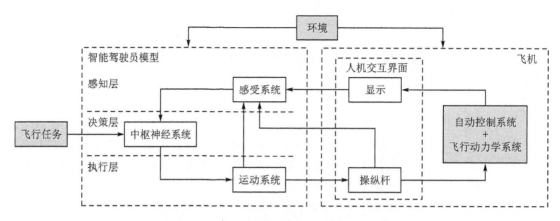

图 8-1 由智能驾驶员模型和飞机构成的人机系统

8.2 驾驶员感知行为建模

8.2.1 驾驶员感知特征分析

驾驶员的感知系统主要描述驾驶员对输入信息的反应。驾驶员输入类型包括视觉、听觉和触觉信息,其中最重要的视觉感受和触觉感受主要来自飞行状态显示界面和驾驶杆。例如,飞机的飞行状态在仪表上的显示,驾驶员的反作用力通过驾驶杆传递等。

在带智能控制器的飞机上,智能控制系统的感知器就是测量元件。与智能感知器相比,驾驶员的感知特征如表 8-1 所列。在建立驾驶员感知模型时,或在智能控制系统设计中,应充分考虑这些特征,以实现人和控制器的最佳功能分配。

表 8-1 驾驶员感知特征

感知因素	驾驶员感知特征
感知信息类型	模糊信息
感知信息范围	有一定的限值性
感知精度	精度低
环境适应性	受生理条件限制
信息理解性	理解性强
综合感知能力	综合感知能力强
统一性	个体感知差异大、统一性差

8.2.2 神经网络感知器

人的感受特性受生理条件限制,不可能总是将获得的信息在大脑中形成精确的映射。仿真和飞行实践表明,对小的偏差驾驶员并不作出控制补偿,对小的提示驾驶员也并不改变操纵,这表明人的感受机构存在阈值。

为了描述这一特性,可利用神经网络感知器对阈值非线性进行描述。例如,人的阈值特性可以利用单层感知器模型体现。在单层神经网络模型中,输入输出的关系可以表示为

$$y = f\left(\sum_{i=1}^{n} w_i x_i + b\right) \tag{8-1}$$

式中:$x_i (i \in (1,2,\cdots,n))$ 为模型的输入信号;y 为模型的输出信号;$w_i (i \in (1,2,\cdots,n))$ 为每一个输入信号的权重分量;b 为阈值。

利用式(8-1),在输入层中将每一个输入信号和与其对应的权重分量进行点乘,并计算它们点乘后的乘积和。如果乘积和大于阈值,则输出为 1;如果乘积和小于阈值,则输出为 0。也就是将输入向量分为两类:一类是输入信号大于阈值,执行操纵;另一类是输入信号小于阈值,不执行操纵。

8.2.3　驾驶员感知模型

利用神经网络感知器模型可分别表示视觉感受和触觉感受,见图 8-2 和图 8-3。以图 8-2 为例,信号 e_c 的绝对值 $|u|$ 是神经网络感知器的输入,$w(1,1)$ 代表输入信号的权重,这里取值为 1。信号 b_1 是神经网络感知器的阈值,输入信号加权后,若其绝对值小于阈值 b_1,神经网络感知器的输出为 0,否则输出为 1。最终的输出是感知器输出与指令输入的乘积。因此,当考虑阈值时,感知模块可用于表示人类驾驶员的感知能力。

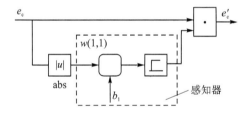
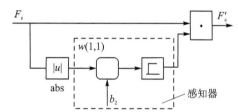

图 8-2　视觉感受机构模块的神经网络感知器模型　　**图 8-3　触觉感受机构模块的神经网络感知器模型**

对于感知模型,生理试验表明,在良好的光照和对比度下,人眼可以区分黑线的阈值是 0.001 rad。可控的压力灵敏度研究表明,人类手掌的法向压力平均阈值约为 0.158 g。所以,视觉感受机构环节中阈值 b_1 取 0.001 rad,触觉感受机构环节中阈值 b_2 取 0.158 g。

考虑驾驶员观察的不精确性,根据 Levison 的意见,驾驶员感知的显示变量为显示值与零均值白噪声之和。观察噪声的协方差可描述为

$$\bar{V}_y = \frac{\rho^0}{f}\left[\frac{\sigma}{N(\sigma,a)}\right]^2 \tag{8-2}$$

式中:σ 为观察量 e 的均方根;ρ^0 为对观察量 e 的信噪比(典型值为 0.01π);f 为驾驶员对该观察量注意力分配的百分比;误差补余函数 erfc(error function complement)$N(\sigma,a)$ 是正态分布的随机输入,阈值为 a 的误差补余函数计算方法如下。

设 x 为服从正态分布的随机信号,其形式为

$$P_N(x) = \frac{1}{\sqrt{2\pi}\sigma}e^{-\frac{(x-\mu)^2}{2\sigma^2}} \tag{8-3}$$

式中:σ 为 x 的均方根值;$\mu = E(x)$,为数学期望值,当 $\mu = 0$ 时,表示随机误差在零附近变化,

此时,

$$P_N(x) = \frac{1}{\sqrt{2\pi}\sigma} e^{-\frac{x^2}{2\sigma^2}} \qquad (8-4)$$

$P_N(x)$的分布如图8-4所示。

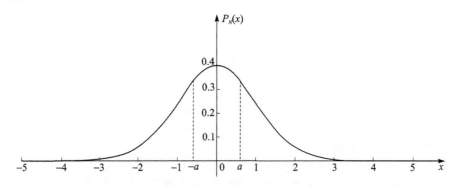

图8-4 $P_N(x)$的正态分布图

根据误差补余函数的定义,阈值为a的误差补余函数的值表示x的绝对值大于a的概率,即

$$\text{erfc} = \int_{-\infty}^{-a} P_N(x)\mathrm{d}x + \int_{a}^{+\infty} P_N(x)\mathrm{d}x \qquad (8-5)$$

由$P_N(x)$曲线的对称性,将式(8-5)改写为

$$\text{erfc} = 2\int_{a}^{+\infty} P_N(x)\mathrm{d}x = 2\int_{a}^{+\infty} \frac{1}{\sqrt{2\pi}\sigma} e^{-\frac{x^2}{2\sigma^2}}\mathrm{d}x \qquad (8-6)$$

对式(8-6)作积分变换,令$u = \dfrac{x}{\sqrt{2}\sigma}$,则$x = \sqrt{2}\sigma u$,$\mathrm{d}x = \sqrt{2}\sigma\mathrm{d}u$,有

$$\text{erfc} = 2\int_{\frac{a}{\sqrt{2}\sigma}}^{+\infty} \frac{1}{\sqrt{2\pi}\sigma} e^{-u^2}\sqrt{2}\sigma\mathrm{d}u = \frac{2}{\sqrt{\pi}}\int_{\frac{a}{\sqrt{2}\sigma}}^{+\infty} e^{-x^2}\mathrm{d}x \qquad (8-7)$$

由上面的推导过程可以看出,erfc反映驾驶员对误差信号感知的概率。从式(8-2)观察噪声方差$\bar{V}_y$的描述可以看出,erfc越大,则$\bar{V}_y$剩余越小,a越小。这说明,感知器的阈值a随剩余$\bar{V}_y$的增加而增加。

8.3 驾驶员决策行为建模

8.3.1 驾驶员决策特征分析

驾驶员的决策行为是在大脑中完成的,与飞行控制系统的智能决策系统(计算机完成的)相比,驾驶员的决策受到个体经验、技能、知识以及心理因素的影响。驾驶员智能决策特征如表8-2所列。在研究中应充分考虑这些特点,建立符合驾驶员实际控制行为的决策模型。

表 8 - 2　驾驶员智能决策特征

智能因素	驾驶员决策特征
计算能力	计算速度慢,易出错
创造能力	具有创造能力,可以提出自己的见解
预测能力	对事物的发展具有预测能力
学习能力	具有很强的学习能力
信息利用能力	利用模糊信息
记忆能力	能大量记忆模糊信息,精确信息记忆有限
联想能力	具有很强的联想能力

8.3.2　模糊及自适应控制

　　驾驶员的决策行为是综合考虑多个因素影响做出决断并发出控制指令的过程。驾驶员的决策过程具有一定的模糊性,而驾驶员本身的操纵行为具有自适应性。因此,可以利用模糊自适应控制理论来建立驾驶员决策模型。

　　模糊控制器主要包括三个部分:模糊器、模糊推理和解模糊器。其中,模糊器将感知信息转化为易于人类理解的语言变量,并进行模糊推理。解模糊器是将模糊推理的结果转化为决策信号,并作为之后决策控制的输入。模糊器和解模糊器两者实现了驾驶员自然语言描述的语言变量与数学变量之间的转化,其功能的实现主要依据驾驶员决策特征,建立合理的模糊控制器的隶属函数。决策系统中输入、输出的映射关系依赖于模糊推理,这个过程建立在驾驶员的知识和飞行经验基础之上,并可用自然语言来描述。

　　另外,在驾驶员的决策过程中,驾驶员的控制行为具有自适应性。例如,在飞机发生故障时,包括机体损伤或控制器故障等,飞机特性会突变。驾驶员感知到故障后会改变操纵,以适应新的飞机特性。此时,驾驶员的操纵具有自适应时变性。为了描述驾驶员的自适应特性,可基于自适应控制理论建立变结构或变参数驾驶员控制模型,具体形式应根据所研究的问题来确定,没有统一的形式。

8.3.3　驾驶员决策模型

　　驾驶员的决策模型因任务和情态的不同而不同,这里以飞机故障情况为例,说明决策模型的建模方法。在飞机发生故障情况时,驾驶员的决策行为实际上就是一个根据当前决策信息输入,决定是否改变操纵的控制行为。驾驶员决策行为过程如图 8 - 5 所示。其中,K_r 和 K_p 分别为内外环回路的增益参数,具有自适应特性。R 代表信号经过外环增益 K_p 的输出,也是内环的输入信号。

　　按照系统决策理论,对于带有智能操纵杆的驾驶员模型,其决策信息输入主要包括从视觉感受机构获取的误差信息 e'_c、从触觉感受机构得到的驾驶杆反馈力提示 F'_c 以及飞机的飞行状态信息 $\dot{y}$。

　　驾驶员在做决策的过程中,很难准确地识别出非线性情况。对于非线性特性的感知,驾驶员主要基于其经验,并受其主观性的影响。这体现了驾驶员决策模块中的模糊性,所以用模糊

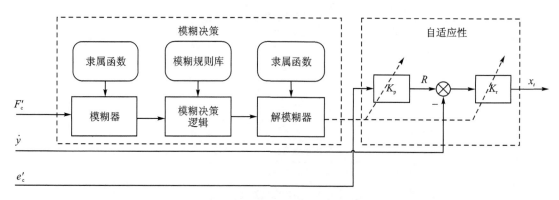

图 8-5　驾驶员决策行为模型

逻辑控制理论描述驾驶员决策过程。

考虑到感知模型触觉反馈的提示作用,模糊决策模块的输入变量可通过图 8-5 中的反馈力提示 F'_c 产生。定义规则信号变量 x 为

$$x = F'_c \tag{8-8}$$

式中的规则信号变量 x 与操纵杆人感系统提示力有关,反映了故障后引起系统误差的变化以及系统出现故障的情况。对变量 x 进行标准化处理,可得

$$z = \sqrt{|x|} / \mathrm{rms}[\sqrt{|x|}] \tag{8-9}$$

式中: z 定义为模糊决策模块的输入变量。而该模块的输出变量定义为自适应逻辑触发的概率,即驾驶员是否改变其控制行为的概率。

基于模糊逻辑控制理论,模糊集合用于描述的输入和输出如表 8-3 所列。模糊集合"RS"和"NS"定义了 z 相对小的值和相对大的值。此外,"TR"和"NT"分别代表触发的低概率和高概率。

表 8-3　模糊设置

模糊输入设置			模糊输出设置		
名　称	隶属函数	形　式	名　称	隶属函数	形　式
RS	梯形	$A_{RS}(x)=\begin{cases}1, & 0\leqslant x<2.72 \\ \dfrac{3.28-x}{0.56}, & 2.72\leqslant x\leqslant 3.28 \\ 0, & 3.28<x\leqslant 6\end{cases}$	TR	三角形	$A_{TR}(x)=1-x, 0\leqslant x\leqslant 1$
NS	梯形	$A_{NS}(x)=\begin{cases}0, & 0\leqslant x<2.72 \\ \dfrac{x-2.72}{0.56}, & 2.72\leqslant x\leqslant 3.28 \\ 1, & 3.28<x\leqslant 6\end{cases}$	NT	三角形	$A_{NT}(x)=x, 0\leqslant x\leqslant 1$

选择模糊集输入范围[2.72,3.28]的中心值为 3,因为它代表瞬时的"3σ"值,表示人类对事物的判断符合正态分布。显然,太小的中心值会引起系统过度灵敏,出现扰动的情况;而过大的中心值会不必要地抑制驾驶员的自适应性。

可变范围[2.72,3.28]是基于驾驶员的感知误差特征给出的。驾驶员的噪声强度为

$$V_z = \pi P_z \mathrm{E}\{z^2\} \tag{8-10}$$

式中：P_z 代表观测信噪比，取值为 0.01；$\mathrm{E}\{z^2\}$ 代表 z^2 的期望值，根据正态分布 3σ 的原则，可知 $\mathrm{E}\{z^2\}$ 的取值为 9。代入公式(8-10)，可得驾驶员噪声强度为 0.28，感知误差的变化范围为[2.72,3.28]。

所采用的模糊规则集在 IF-THEN 形式下可以描述为：

① 如果 x 是 RS，那么 y 是 NS；

② 如果 x 是 RS，那么 y 是 NT。

对于驾驶员的故障自适应特性，Hess 提出了一个增益调参自适应模型，并给出了故障情况下的参数变化规律。在此基础上，可建立模糊自适应调参模型。K_r 和 K_p 分别为内外环回路的增益参数，前者影响系统阻尼比，后者影响系统的开环穿越频率，进而影响人机系统的跟踪特性。K_r 和 K_p 的自适应变化量分别 ΔK_r 和 ΔK_p，取值见表 8-4。最后经过生成的决策得到理想的驾驶员操作指令。

表 8-4 ΔK_r 和 ΔK_p 参数设置

参 数	值	条 件
ΔK_r	x	模糊输出≥0.5
	0	模糊输出<0.5
ΔK_p	$0.35 \cdot \Delta K_r$	模糊输出≥0.5
	0	模糊输出<0.5

8.4 驾驶员执行行为建模

8.4.1 驾驶员执行特征分析

驾驶员控制中的执行过程是通过四肢运动完成的，例如手或脚的操纵。作为人的执行环节，与自动器的执行环节（如舵机）相比，其特性见表 8-5。

表 8-5 驾驶员执行特征

执行因素	驾驶员执行特征
执行精度	执行精度不太高的动作
操作范围	所能完成的操作范围比较窄
执行方式	易实现多种执行方式的综合
动作灵活性	动作具有较大的柔性，动作灵巧
执行条件	受生理条件所限，易疲劳，耐久性差

对于驾驶员执行环节模型的建立和智能飞行控制器设计中的人机功能分配，应考虑驾驶员的执行特征。

8.4.2 手臂神经肌肉系统分析

在执行操作的过程中,驾驶员通过手臂的动力学系统对操纵杆起到操纵的作用。对于该模型的建立,需要建立手臂的神经肌肉系统动力学模型。

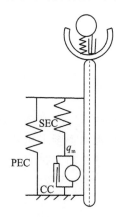

图 8-6 肌肉系统物理模型图

神经肌肉系统主要由肌肉系统和神经系统组成。肌肉系统主要模拟神经肌肉骨骼系统的物理部分,产生力或传递力的作用,例如肌肉、骨骼、皮肤和连接组织等。肌肉系统部分如图 8-6 所示。

肌肉系统的参数是由弹性皮肤模型(Skin flexibility model)(阻尼 B_c,刚度 K_c)、手臂转动惯量 I_1、平行弹性成分(PEC)刚度 K_{pec}、串联弹性部分(SEC)刚度 K_{sec} 以及收缩部分(CC)阻尼 B_m 组成的。手臂质量通过一个集中转动惯量 I_1 表示,手臂的位移量是 x_1。作用在手臂上的总力矩是

$$m_1 = -m_s + m_e + m_p \tag{8-11}$$

式中:m_s 是皮肤施加在杆上的力矩;m_e 是串联弹性部分力矩;m_p 是平行弹性成分力矩。这些为手臂模型提供角加速度

$$\ddot{x}_1 = \frac{1}{I_1} m_1 \tag{8-12}$$

对于皮肤的弹性部分,Van Paassen 进行的早期试验得到的一系列数据,证实皮肤弹性模型组成是十分必要的。在杆位移与手臂位移间选择一个简单的弹簧阻尼系统模型。测量皮肤与手腕弯曲的偏差在试验中较难实现,但从视觉上可知手腕的移动和皮肤的压缩量相对于杆的运动是非常小的。这样对于皮肤弹性模型,弹性系数是非常大的。皮肤模型弹性系数大于肌肉模型弹性系数,这确保了皮肤模型不会影响肌肉模型的行为特性。皮肤模型作用在杆上的力矩为

$$m_s = K_c x_1 + B_c \dot{x}_1 \tag{8-13}$$

平行弹性部分(有两个肌肉群组成,当肌肉未被激活时,收缩部分不产生力)简化成一个线性弹簧。平行弹性部分作用在手臂的力矩为

$$m_p(x_1) = K_{pec} x_1 \tag{8-14}$$

对于串联弹性部分(SEC),得到串联弹性部分作用在手臂的力矩为

$$m_e = K_{sec} x_e \tag{8-15}$$

式中:x_e 为串联弹性部分的角位移量;x_m 收缩部分的角位移量。在肌肉模型中,串联弹性部分在收缩部分与手臂之间连接。因此,对于肌肉模型,串联弹性部分的位移与收缩部分的角位移的关系为

$$x_e = x_1 - x_m \tag{8-16}$$

对于神经系统输出 q_m 作为肌肉系统的输入,假定肌肉系统输入作用在手臂上呈线性关系。与收缩部分的阻尼力矩叠加得到收缩部分力矩为

$$m_m = k_m q_m + B_m \dot{x}_m \tag{8-17}$$

式中:k_m 为肌肉系统输入作用在手臂上的系数。对于收缩部分的力矩与串联弹性部分的力矩相等,因此 $m_m = m_e$,从而得到

$$m_e = k_m q_m + B_m \dot{x}_m \tag{8-18}$$

因此,得到肌肉系统部分的结构框图如图 8-7 所示。

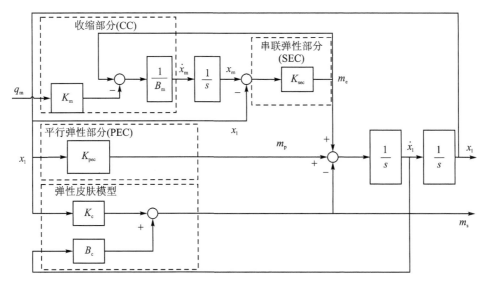

图 8-7　肌肉系统结构框图

　　神经肌肉系统中的神经系统部分为一种内部形式,也就是说肌肉系统和操纵杆部分用于驾驶员产生控制指令,而神经系统的作用能够使模型产生快速的"冲击式"的运动。神经系统结构框图如图 8-8 所示。

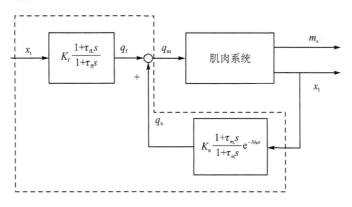

图 8-8　神经系统结构框图

8.4.3　手臂神经肌肉系统模型

　　当驾驶员操纵驾驶杆时,触觉反馈的效果取决于驾驶员手臂和手部的神经肌肉系统。因此,作为驾驶员执行环节的神经肌肉系统应不仅仅是一个简化的二阶环节,还需要分析其内部各个环节以及对触觉反馈的影响,这是飞机智能操纵杆人感系统设计的重要依据。

　　图 8-9 所示为神经肌肉系统模型的示意图。图中,x_t 代表神经肌肉系统的目标手臂位置,x_1 代表手臂的位置,δ_s 代表杆位移,F_s 代表杆力,q_m 代表激活信号输入,q_n 代表神经反馈输出,F_p 代表平行弹性成分的力输出,F_e 代表串联弹性部分的力输出。

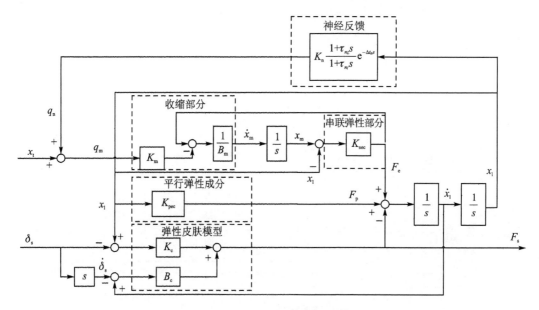

图 8-9　神经肌肉系统结构图

神经肌肉系统参数取值如表 8-6 和表 8-7 所列。

表 8-6　肌肉系统的参数值

参数	$K_{sec}/$ $(Nm \cdot rad^{-1})$	$K_{pec}/$ $(Nm \cdot rad^{-1})$	$K_c/$ $(Nm \cdot rad^{-1})$	$I_1/$ $(kg \cdot m^2)$	$B_m/$ $(Nm \cdot rad^{-1})$	$B_c/$ $(Nm \cdot rad^{-1})$	$K_m/$ $(Nm \cdot rad^{-1})$
值	50	7	400	0.07	0.45	15	1

表 8-7　神经系统的参数值

参数	τ_{n_L}/s	τ_{n_l}/s	$\Delta t_n/s$	K_n/rad^{-1}
值	0	0.491	0.04	1

　　智能驾驶员模型包括感知、决策、执行三个基本部分,但模型的具体形式并没有统一的形式,常常需要根据所研究问题的特殊性,具体建立各部分的模型。下面结合实际应用,给出几个建模示例。

8.5　智能驾驶员建模示例

8.5.1　驾驶员感受机构建模示例

　　研究结果表明,用 Hess 结构驾驶员模型对飞机飞行品质进行预测时,预测的稳定边界偏保守,即有"过预测倾向(Over predicted)"。造成此现象的原因很多。从驾驶员模型建模的角度看,结构驾驶员模型由感受机构、中枢神经系统、神经肌肉系统三个基本部分组成,见图 8-10。感受机构描述驾驶员通过感觉器官获取飞机飞行状态和外部环境变化信息的感知行为。中枢神经系统根据感受机构获取的信息和飞行任务要求,形成控制指令。神经肌肉系统将控制指令变成实际的控制行为。在 Hess 提出的结构模型中,忽略了感受机构的特性,这会影响闭环的稳定边界,从而影响 PIO 的预测结果。

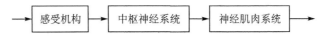

图 8 – 10　结构驾驶员模型的组成

在 Hess 结构驾驶员模型中,对于感受机构的描述为比例环节 1,相当于驾驶员任何时候都能够精确地感受显示信息的量值。而事实上,就人的视觉感受特性而言,受生理条件限制,不可能对显示信息完全反应。仿真实验和飞行实践表明,对过小的偏差驾驶员并不做出补偿。这表明人的感受机构存在阈值,因此感受机构部分的模型应体现阈值非线性。

另外,人眼的观测量不可能完全等同于显示量值,它们之间必然存在一定的误差。这个误差并不是一个确定值,而是一个随机量,它与飞机的振动、仪表的抖动、驾驶员的情绪、气象条件等有关。在工程实践中,本着简化问题又不影响结论的目的,略去一些次要因素,可以将它们归为观察噪声的影响。

驾驶员感受机构主要描述驾驶员的视觉输入,考虑当驾驶员的观察存在一个阈值影响时,最简单的模拟是将阈值的影响看作是一个死区环节,如图 8 – 11 所示。

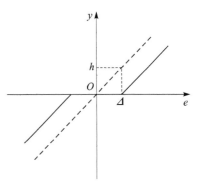

当显示量 e 在 $\pm\Delta$ 之间时,输出 y 为零。反之,输出随输入呈线性比例关系。这种处理方法虽然简单,但存在一个问题。当显示量 e 大于或等于阈值 Δ 时,驾驶员的感知量 y 应该如图 8 – 11 中的虚线所示,但此时实际的死区环节的输出为实线所示,因而,始终与实际驾驶员的感应差一个常值 h。

当驾驶员实施精确人机紧密耦合控制任务时,为了

图 8 – 11　死区非线性

精确控制,必须增大驾驶员增益 K_e。但过大的增益会导致人机闭环失去稳定性,从而出现人机耦合振荡。因此,存在一个人机闭环从稳定到失去稳定的一个稳定性边界。应用 8.2.2 节描述的神经网络感知器描述驾驶员感受机构的死区非线性特性,构建人机闭环系统模型。计算添加驾驶员感受机构后对稳定边界对应的驾驶员增益的影响,结果如图 8 – 12 所示。

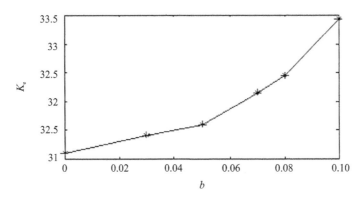

图 8 – 12　阈值对驾驶员增益边界的影响

由图 8-12 可以看出,随着阈值的增大,稳定边界所对应的驾驶员增益 K_e 相应地增大。由此可见,添加非线性驾驶员感受环节后,在相同条件下延缓了驾驶员诱发振荡的产生。这样,可在一定程度上克服 Hess 结构驾驶员控制模型的"过预测倾向",也就是偏保守的问题。

8.5.2 舰载机驾驶员的模糊变策略控制行为建模示例

受复杂海况和大气环境的影响,舰载机在航母上进近着舰是其整个飞行剖面上安全风险最高的阶段。为了能够实现安全高效的舰载机舰上回收,航母上通常都会配备光学助降引导系统 FLOLS(Fresnel Lens Optical Landing System)。FLOLS 实现了舰载机着舰理想下滑道和舰载机相对位置的可视化,舰载机驾驶员需要通过 FLOLS 所显示景象感知当时的高度偏差,选择控制策略并生成控制指令,以完成着舰任务。FLOLS 光学景象包含一个固定的基准灯组,指示理想下滑航迹,如图 8-13 所示;还包括一个移动的光球,驾驶员通过移动的光球和固定的基准灯来判断高度偏差。

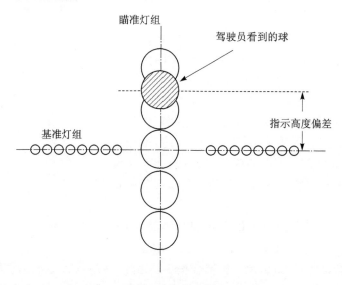

图 8-13 FLOLS 指示高度偏差的示意图

如图 8-14 所示,驾驶员是以球来描述高度偏差的,像是图示的一球高、两球高等。FLOLS 主要影响舰载机驾驶员的感受系统,驾驶员在 FLOLS 引导下,通过观察灯组指示的偏差,感知着舰飞行中的高度偏差,其感知行为表现出模糊性。

舰载机着舰任务要求驾驶员时刻关注舰载机飞行状态,操纵舰载机快速、准确地跟踪理想下滑道。在实际飞行过程中,由于在截获着舰窗口时引导失误或驾驶员操纵不及时、在着舰过程中受到的扰动影响剧烈或发生突变,以及在着舰末段甲板指挥官 LSO(Landing Signals Officer)指令对高度偏差的补偿要求严苛,驾驶员需要补偿的高度偏差较大,并且对飞行状态需要进行频繁大幅度调整;而当成功截获着舰窗口、着舰环境理想、着舰末端 LSO 给出容易的补偿指令时,驾驶员需要补偿的高度偏差较小,且不需要过多调整飞行状态。

为了适应着舰任务,根据高度偏差的不同,驾驶员会采用不同的控制策略。对于升降舵控制通路,当高度偏差较大时,驾驶员采用"捕获"控制策略以快速搜索理想下滑航迹;当高度偏差较小时,驾驶员采用"跟踪"控制策略,以精确跟踪理想下滑航迹。

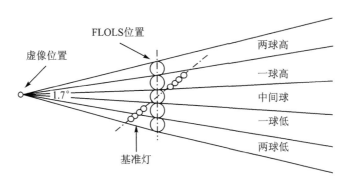

图 8-14　驾驶员对 FLOLS 指示高度偏差的感知

1. 捕获策略控制模型

驾驶员在较大高度偏差时采取"捕获"控制策略来快速搜索理想下滑道,此时驾驶员使用最大可用操纵量,所以"捕获"策略控制模型采用"bang-bang"控制模型,其结构类似于一个简单的继电器,如图 8-15 所示。图中,S 代表捕获控制策略和跟踪控制策略的切换开关。

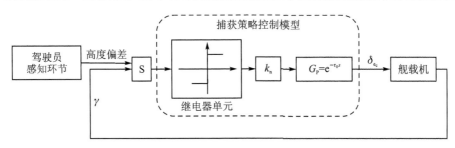

图 8-15　驾驶员捕获策略控制模型

在捕获策略控制模型的主回路中包括单位继电器单元、增益 k_n 以及传递函数 G_P。增益 k_n 即为最大可用操纵量,本示例中取最大舵偏为 $2°$,最大油门为 $10°$。单位继电器单元实现了驾驶员在最大和最小操纵量之间的转换,传递函数 G_P 是一个延迟环节,模拟了驾驶员作为人类所不可避免的反应延迟,时间参数选为 $0.15\ s$。

2. 跟踪策略模型

驾驶员在较小高度偏差时采取跟踪控制策略来精确跟踪理想下滑道,应用结构驾驶员模型可以模拟驾驶员的这种行为,其结构图 8-16 所示,其中内环控制回路 Y_{P_i} 模型如图 8-17 所示。

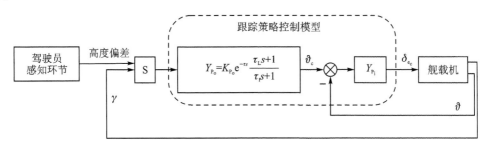

图 8-16　驾驶员跟踪策略控制模型

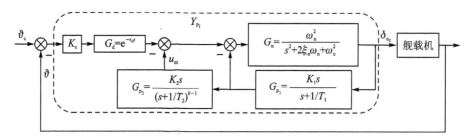

图 8-17 内环控制回路 Y_{P_i} 模型

驾驶员根据 FLOLS 感知到高度偏差信息,选择合适的控制策略,给出控制指令。基于所建立的驾驶员模糊感知模型,驾驶员接收来自于 FLOLS 的模糊的高度偏差信息;基于驾驶员所接收信息,通过变策略驾驶员控制模型给出控制指令,完成舰载机着舰操纵。所建立的模糊变策略驾驶员模型功能结构如图 8-18 所示。

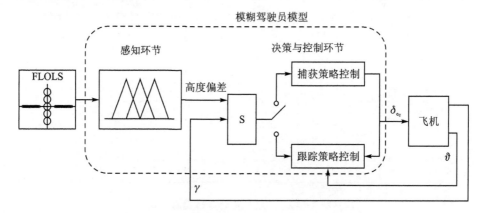

图 8-18 舰载机驾驶员模糊变策略控制模型

考虑母舰运动与舰尾流扰动的影响,构建舰载机着舰人机闭环系统模型如图 8-19 所示。

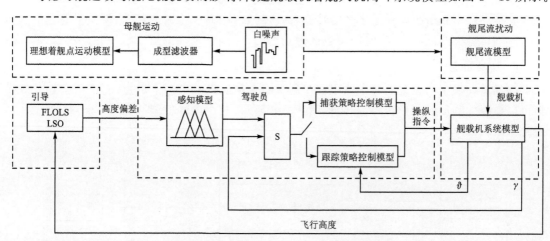

图 8-19 舰载机着舰人机闭环系统模型

下面给出人机系统仿真实验结果。当舰载机位于母舰后方水平距离为 1 243 m 时,舰载机截获理想下滑道窗口开始着舰过程,仿真开始。设定舰载机在下滑入口处由于导航误差或驾驶员操作失误等因素造成的相对于下滑航迹的初始高度偏差为 1 m,舰载机在理想下滑道下方。舰载机初始飞行状态为:飞行速度 70 m/s,航迹角 $-3.5°$,俯仰角 $2.71°$,甲板风速 12.86 m/s,采用 4 级海况下 ESSEX 级航母的功率谱函数,考虑舰尾流扰动对纵向着舰过程的扰动建立模型。当舰载机首次触舰时,仿真结束。

仿真过程中,由母舰扰动运动引起理想着舰点在竖直方向上起伏变化,理想着舰点的高度变化曲线如图 8 - 20 所示。

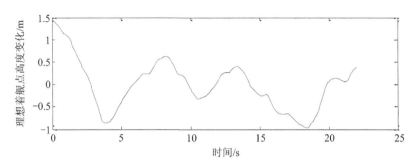

图 8 - 20　理想着舰点高度变化曲线

着舰仿真中,驾驶员的操纵包括全动平尾偏转量和油门杆偏转量,见图 8 - 21 和图 8 - 22。

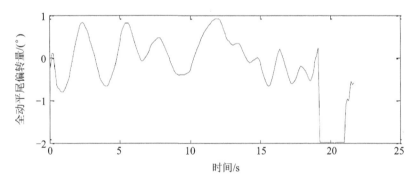

图 8 - 21　人工着舰引导模式全动平尾操纵曲线

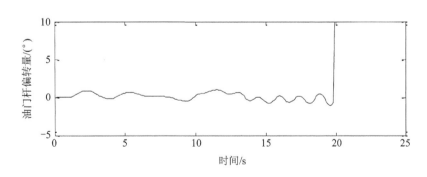

图 8 - 22　人工着舰引导模式油门杆操纵曲线

在着舰末段,油门杆偏转量急剧偏转增至最大,是出于着舰安全的考虑,要求驾驶员采用全推力状态着舰,这样可以防止在挂载拦阻索失败的情况下,驾驶员可以很快拉起进行逃逸复飞。

　　着舰仿真过程中,舰载机飞行状态包括空速、迎角、俯仰角、俯仰角速度、航迹角以及下滑航迹的变化历史过程曲线如图 8 - 23 所示。

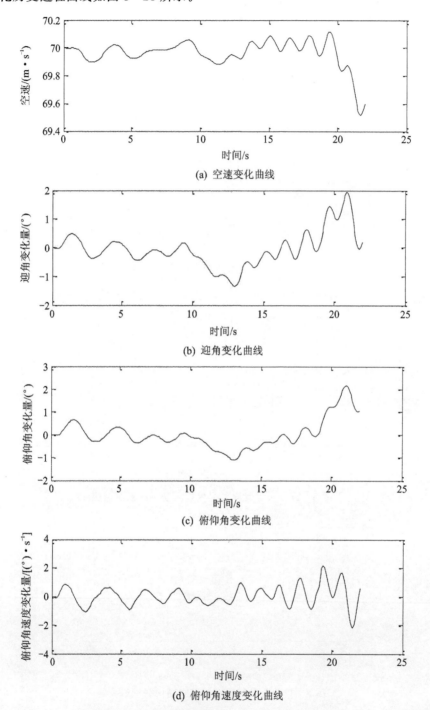

(a) 空速变化曲线

(b) 迎角变化曲线

(c) 俯仰角变化曲线

(d) 俯仰角速度变化曲线

图 8 - 23　人工着舰引导模式舰载机飞行状态变化曲线

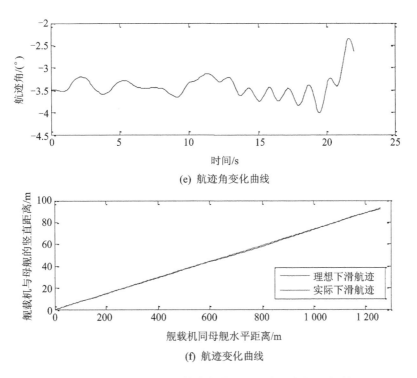

(e) 航迹角变化曲线

(f) 航迹变化曲线

图 8 - 23 人工着舰引导模式舰载机飞行状态变化曲线(续)

在 LSO 指挥下的着舰仿真过程中,LSO 在着舰前大约 3 s 的时刻,即 19 s 左右,开始依据对母舰甲板的运动和舰载机航迹的预测,根据自己的经验向驾驶员发出指令,提示需要补偿的高度偏差。LSO 发出的指令信号如图 8 - 24 所示。

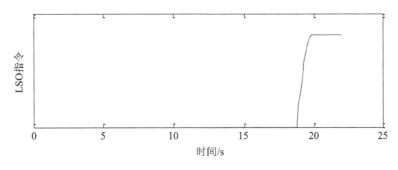

图 8 - 24 人工着舰引导模式 LSO 指令

由于 LSO 的指挥作用,在 19 s 向驾驶员提示高度偏差之后,驾驶员任务需要补偿的高度偏差较大,所以迅速偏转全动平尾至最大,见图 8 - 21 中的曲线。整个飞行过程较为平稳,飞行状态变化较小,舰载机对理想下滑航迹跟踪情况良好,所以图 8 - 23(f)中,舰载机实际的航迹同理想下滑航迹几乎重叠实现了成功着舰。

当偏差过大时,LSO 给出大偏差指令,驾驶员采取复飞控制策略。所以,在舰载机进近着舰过程中,驾驶员采用变策略控制。

8.5.3 智能杆引导下的驾驶员控制模型示例

在飞机故障情况下,驾驶员为了保障飞行安全,会针对故障情况采取应对策略。为了使驾驶员及早发现故障,采用智能操纵杆,通过力反馈提示驾驶员。为了验证智能杆的提示效果,Klyde 等对飞机控制面出现故障情况下带有智能驾驶杆(SAFE-Cue,见 2.3.4 小节)系统的人机系统进行了驾驶员在环仿真试验。引入 SAFE-Cue 系统,利用人在环仿真试验检验 SAFE-Cue 系统对飞机故障引起的人机系统振荡的抑制作用。试验利用 STI 固定基座驾驶员在环飞行模拟器,仿真任务选择俯仰姿态纵向 SOS(Sum-of-Sines)跟踪任务,任务时长设定为 100 s,在 20 s 时出现故障。该任务使驾驶员积极地跟踪显示的姿态指令信号并尝试将误差保持在指定的误差范围内。俯仰跟踪任务显示如图 8-25 所示,跟踪目标是将显示误差线的中心圆点控制在目标内部的圆圈内,即保持 ±1° 内的跟踪误差,以满足所需的飞行性能。主要的故障情况是控制面效率降低和速率饱和情况。试验结果中给定的故障方案是控制面效率下降 25%(即控制面的效率为原来的 75%),速率限制为 15(°)/s,位移限制为 20°。试验结果给出了驾驶员评分和飞行品质等级,其中人机系统分析给出了时域仿真跟踪结果和频域仿真结果,小波分析给出了系统误差的尺度谱,最后进行了驾驶员调查问卷。

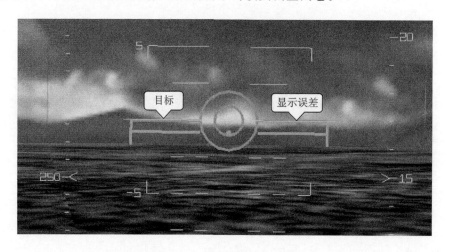

图 8-25 俯仰跟踪任务显示

基于上述实验对象,建立智能杆引导下的驾驶员控制模型,构成人机闭环系统模型,如图 8-26 所示。由此进行驾驶员模型验证。

图 8-27 所示为智能驾驶员模型仿真与人在环仿真试验的时域跟踪效果。从图中可以看出,试验与仿真的操纵响应是与跟踪任务相一致的;在故障前后,智能驾驶员模型离线仿真结果的波动与试验的结果相接近。

图 8-28 所示为 q_{err} 系统误差图。从图中可以看出,仿真的系统误差 q_{err} 与试验相比偏大,但基本趋势一致。图 8-29 所示为 K_p 与 K_r 的变化曲线,从图中可以看到,当故障发生时,根据 SAFE-Cue 力提示,驾驶员操纵增益减小,操纵减缓,有效降低了速率限制的发生。

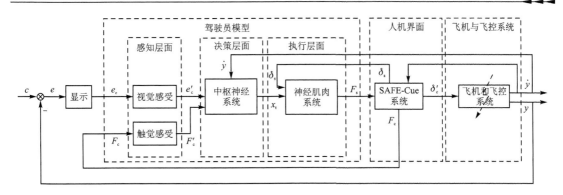

图 8 - 26　智能杆引导下的人机闭环系统结构

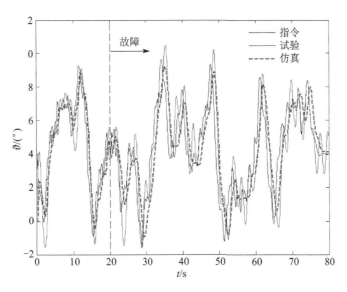

图 8 - 27　智能杆引导下的人机系统时域仿真结果

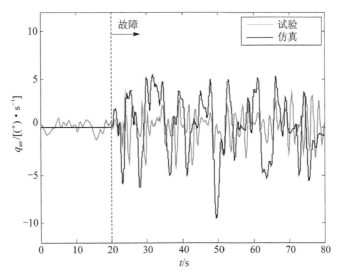

图 8 - 28　q_{err} 系统误差

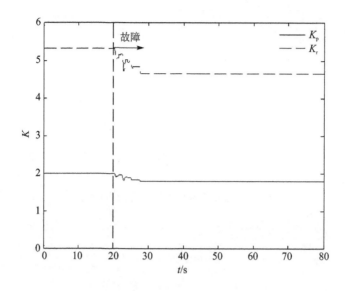

图 8 - 29　K_p 与 K_r 变化曲线

　　图 8 - 30 所示为故障后仿真与试验的开环人机系统的描述函数频域曲线,从图中可以看出,在 $\omega = 2$ rad/s 左右,试验与仿真的幅值比较接近,两者相位相差 30° 左右,不超过 90°,对于故障情况,这在预期的范围之内。

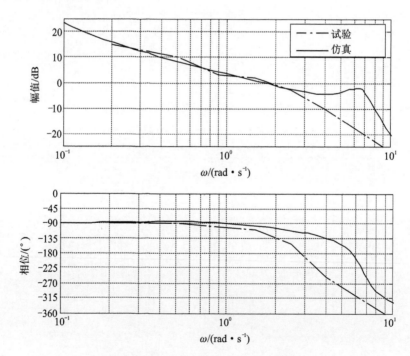

图 8 - 30　故障后仿真与试验的开环人机系统的描述函数频域曲线

　　图 8 - 31 所示为 q_{err} 系统误差经过小波分析得到的能量谱。图 8 - 32 所示为 q_{err} 系统误差小波分析时间切片图,分别选取了 21 s、22 s、24 s、26 s 和 40 s 的时间节点图。其中 21 s、

22 s、24 s 和 26 s 作为故障发生后,驾驶员刚进行操纵改变的时间,处于不应期;40 s 是驾驶员稳定操纵后的时间,是适应了故障情况的对象特性。从图中可以看出,仿真与试验结果的峰值对应的频率基本一致,幅值大小有差距,有望通过调整驾驶员增益使幅值更匹配人在环仿真试验的结果。

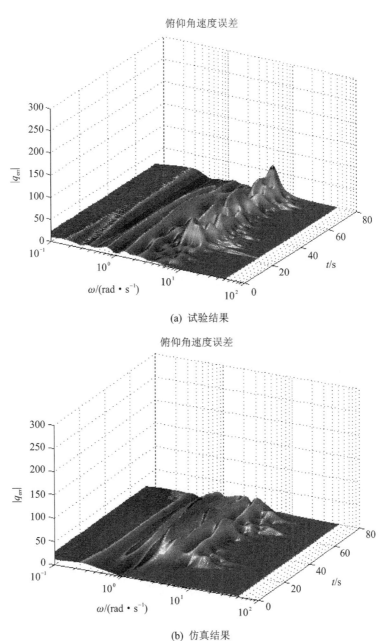

图 8 - 31　q_{err} 系统误差小波分析图

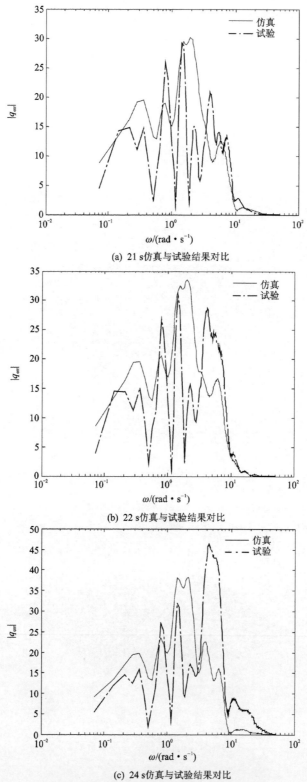

(a) 21 s仿真与试验结果对比

(b) 22 s仿真与试验结果对比

(c) 24 s仿真与试验结果对比

图 8 - 32 q_{err} 系统误差小波分析图时间切片

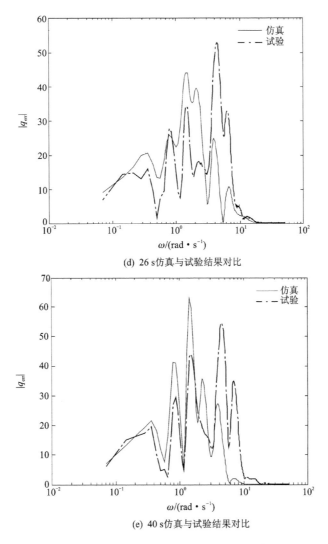

(d) 26 s仿真与试验结果对比

(e) 40 s仿真与试验结果对比

图 8 - 32　q_{err} 系统误差小波分析图时间切片(续)

练习题

1. 试述智能驾驶员模型建模的意义。

2. 驾驶员感觉器官有何特点？在建模时应如何考虑其特性？

第9章 飞行品质概述

飞行性能(Flight performance)和飞行品质(Flying Qualities 或 Handling Qualities，FQ 或 HQ)是飞行力学研究的两类基本问题。飞行性能把飞机作为一个质点来研究，主要关注飞机飞行的轨迹特性。良好的性能表现在飞机的运输能力、范围和经济性能等方面。而飞行品质则是把飞机作为一个刚体来研究，侧重于转动自由度，主要指飞行的操纵性、稳定性，并影响到安全性和舒适性等方面。性能优良的飞机如果飞行品质不好，则性能不能充分发挥。性能的提高又会带来一些新的飞行品质问题，这些问题往往需要通过控制系统设计来解决。

狭义的飞行品质概念是指飞机的稳定性和操纵性，例如静稳定性、杆力/杆位移特性以及扰动输入或操纵输入的动态响应过程等。广义的飞行品质定义为驾驶员完成特定飞行任务的难易程度和精确程度的度量。飞行品质本质上反映人机系统的耦合特性(APC)，主要是指驾驶员控制行为与飞机飞行动力学特性的匹配关系。驾驶员的工作环境，如座舱布置、温度、湿度、照明、供氧量、通信联系和操纵机构形式等因素，也会对人机系统特性产生影响。驾驶员的工作负荷越小，完成任务的质量越高，飞行品质就越好。

飞机的飞行品质可分成纵向飞行品质、横侧向飞行品质、大迎角、非线性和纵横耦合的飞行品质等。对于过去所谓"经典"的飞机，其纵向、横侧向动态特性中往往存在一些典型模态(Mode)，包括纵向的短周期模态、沉浮模态及横侧向的荷兰滚模态、滚转模态和螺旋模态。飞机的飞行品质可由这些模态的特征量来描述，例如时间常数、阻尼比、自然频率等。对于现代先进的飞机，由于采用控制器来改善飞行品质，其动力学特性由高阶系统描述，往往偏离经典形式。目前，对于这类飞机的飞行品质要求，基本上仍沿用以往对"经典"飞机积累的经验数据。设法用一些典型模态的传递函数再加上一个延迟环节来逼近真实的飞机高阶动态响应。这种处理称为高阶系统的低阶近似，相应的低阶近似系统称为等效系统。基于等效系统模型建立了用以衡量等效模型逼近程度的指标和拟合方法。从目前的经验来说，如果具有高阶动态响应的先进飞机不能找出相应的低阶等效系统，则其飞行品质将不会满意。随着飞行品质研究工作的深入，期望提出更合适的评价方法。

为了设计、使用和鉴定飞机，目前大多数国家都已颁布了一些飞行品质要求的规范或指南。飞行品质要求大多以指标形式给出，但也包含一些定性要求。这类指标或要求主要是根据以往飞行实践积累起来的、被认为是对人机系统评价飞行品质的最主要的一些条目，其中有理论分析的结果，也有试飞、模拟仿真和征询驾驶员意见归纳总结的结果。飞行品质要求的具体内容，包括框架、指标形式及量值等，随着航空事业的不断发展而不断修订、补充和完善。

在飞行品质评价时十分重视驾驶员对飞机特性的看法。驾驶员对飞行品质的评价是用统一的术语"驾驶员评价尺度"(Pilot Rating，PR)来描述的。目前大多数国家采用 Cooper-Harper 十分制评价尺度，该评价尺度对每级评分都有明确的文字描述，着重说明驾驶员完成任务的满意程度和工作负担，分值越低表明驾驶员对飞行品质的评价越好。

9.1　飞行品质的研究历史

早在第一架有人驾驶飞机成功飞行之前,人们就已从理论和模型飞机制作过程中获得了一些有关飞行品质的知识。1873 年,Penaud A. 发明了以橡皮筋为动力的模型飞机,该飞机具有稳定飞行的构型。1893 年,Lanchester F. W. 根据橡皮筋动力模型飞机研究出有关长周期运动的理论。1897 年到 1903 年间,Langley S. P. 制造和试飞了以蒸汽和汽油为动力的模型飞机,为载人飞机的出现提供了必要的知识。

1903 年,Wright 兄弟的第一架载人飞机首飞成功。这架飞机的纵向操纵面是过补偿的,即铰链轴太靠后,因此会出现杆力、杆位移操纵不协调的现象,实际上存在着飞行品质缺陷;并且该飞机纵、横向均为静不稳定构型,因此操纵它需要高超的技巧。1909 年,Bleroit L. 设计出后来一般飞机采用的布局形式,即应用拉力螺旋桨和操纵杆、脚蹬的操纵方式。在第一次世界大战期间,通过试凑法设计出一些具有良好飞行品质的飞机,例如 Fokker D-VII 飞机。该飞机具有良好的机动能力、大迎角飞行的可操纵性以及从失速尾旋中改出的能力。

随着控制理论的发展,有关飞机飞行特性的研究取得了一些奠基性的成果。1877 年,Routh E. J. 发表了著名的动力学系统稳定性判据,可供研究飞机的稳定性。Bryan G. W. 于 1904 年提出了古典的飞机稳定性理论,并在 1911 年出版了《飞机稳定性》一书,该书包括六自由度运动的线化理论,并将飞机的纵、横向运动分开处理。1921 年,Cowley W. L. 在研究纵向运动时引入了洗流时差导数,Glauert H. 将运动方程进行了无因次处理。实际上,在此期间尚不了解稳定性理论与飞行品质的内在联系,所以,没有飞行品质的规范和要求可供指导,飞机设计不依赖于理论,而是靠实践。

早期飞机的操纵系统采用的是无助力装置,操纵力主要取决于气动操纵面的铰链力矩,可以采用气动补偿的方法减小铰链力矩。针对杆力操纵的飞行品质要求,1943 年开始出现助力操纵装置,操纵力由感觉机构产生,与气动铰链力矩部分有关或无关。由此引出了人感系统特性、速率限制带来的人机耦合的新特征。

第二次世界大战前后,美国 Langley 中心进行了大量关于飞行品质研究的飞行试验,目前使用的最为经典的一些基于模态特性的飞行品质指标都是在此期间研究出来的。1943 年,Gilruth R. R. 发表了《飞机具有满意飞行品质的要求》一文。基于此,美国陆军和空军颁布了《"AAF-C-1815"飞机的稳定性和操纵性要求》,其中包括了试飞程序及检验飞机是否符合规范的要求。这是最早的飞行品质规范。

20 世纪 50 年代出现了空中飞行模拟(变稳飞机)和地面飞行模拟技术,使得飞行品质规范的研究开始有了强大的势头。Phillips W. H. 于 1948 年发表了《飞行品质的评估和预测》,揭示出飞行品质要求与飞机设计的内在关系。同年,AAF-C-1815 更名为《有人驾驶飞机的飞行品质规范 USAF-1815-B。1954 年,美国空军出版了《MIL-F-8785(ASG)——背景材料和使用说明》。规范条文要求主要针对飞机本体动力学特性,即开环特性。在 1969 年颁布的 MIL-F-8785B 中,不仅包含飞机的稳定性和操纵参数要求,并开始考虑人机闭环特性,引用 Cooper-Harper 驾驶员评价尺度,将飞行品质分为三个等级,直接与完成任务飞行的性能和驾驶员工作负担联系起来。在 1980 年颁布的 MIL-F-8785C 中,不仅扩展了飞机高阶等效系统的飞行品质要求,以满足带控制器飞机的飞行品质研究需要,还增加了有关大气扰动的定性要求。1987 年,美国空军出版了 MIL – STD – 1797(USAF),将定量数据置空,由定货方与设计方协商确定,增加了飞行品质规范使用的灵活性。1997 年,MIL – HDBK – 1797 出版并沿用至今。

我国在 1981 年由国防科工委空气动力学协作攻关办公室编写完成了《军用飞机飞行品质(试用本)》,1982 年航空工业部正式发布了该规范及其背景材料和使用说明,此后,形成了飞行品质的国家标准 GJB185—86《固定翼有人驾驶飞机的飞行品质规范》。该规范参照了美国的 MIL – F – 8785B 和 MIL – F – 8785C。1997 年 5 月,国防科学技术专业委员会批准颁发了 GJB2874—97《电传操纵系统飞机的飞行品质》,该标准参考了美国的 MIL – STD – 1797 是推荐性和指导性的标准。

9.2 飞行品质规范概述

飞行品质规范是权威机构对飞机飞行品质规定的具体指标,作为设计、鉴定、验收和使用飞机的准则性文件。飞机设计通常应满足飞行品质规范的要求,它往往是订货部门决定飞机可否被接受的主要依据之一。

目前一些航空工业发达的国家,例如美国、俄罗斯、英国和瑞典等都有一整套自己的标准。其中美国在飞行品质规范的发展具有代表性。1943 年,美国国家航空咨询委员会(NACA)发布了第一份飞行品质规范(NACA Report 755)。在此基础上,美国空军提出了 AAF – C – 1815 规范细则。1954 年到 1980 年间,美国空军颁布了《MIL – F – 8785 系列飞行品质规范》。在 MIL – F – 8785C 中,规范条文内容体系按照纵向飞行品质要求、横侧向飞行品质要求、主次操纵系统特性要求、失速尾旋特性要求和大气扰动特性要求编写。此后,飞行品质规范的发展趋势从"明确的严格要求"变为"提供设计指导"。基于 MIL – STD – 8785C,美国空军于 1987 年 3 月颁发了 MIL – STD – 1797,进行了部分修正后于 1990 年元月颁发 MIL – STD – 1797A 取代 MIL – STD – 1797。1997 年 12 月 19 日颁发的 MIL – HDBK – 1797,其内容与 MIL – STD – 1797A 相似,明确指出其用途为指南性的手册,而不作为强制性的要求,具有更强的灵活性和实用性。

现代飞机采用各种飞行控制和操纵系统形式,各轴向出现更为多变的动态特性。MIL – STD – 1797A 规范无论是在体系上还是内容上相对于 MIL – F – 8785C 均有较大变化。其飞行品质要求按 6 个轴向(俯仰轴、法向轴、纵轴、滚转轴、偏航轴和横侧向轨迹轴)分别提出;在不少条款中对同一要求推荐了多种评价准则;并对每一个指标提出了验证要求。这给订货单位提供了方便,可以制定出符合飞行器要求的、科学合理的飞行品质型号规范。

飞行品质规范主要包括以下 5 个内容:

① 范围(Scope):明确制定规范的目的(Purpose)以及规范的适用范围(Applicability)。

② 使用的文件(Applicable Documents):明确制定规范使用的政府颁布文件(Government documents)和其他出版物(Non – Government publications)。

③ 定义(Definitions):明确飞机的分类和使用任务(Aircraft classification and operational missions)、飞行阶段的种类(Flight Phase Categories)、飞行品质等级(Levels of flying qualities)、参数(Paramiters)和术语(Terms)等。

④ 要求(Requirements):飞行品质要求的具体条款。

⑤ 验证(Validations)：相应飞行品质条款的背景材料和使用说明。

在不同的任务阶段，不同类型的飞机对飞行品质的要求指标是不同的。因此，在飞行品质规范中对飞机和飞行任务阶段进行了分类。同时，规范还规定了装载、惯量、飞行包线、飞机构型、飞机的正常状态、故障状态和危险条件等基本要求。下面以美国军用飞机飞行品质规范 MIL-STD-1797 为例，说明飞机的分类、飞行阶段的划分以及飞行品质要求的框架体系。

9.2.1　飞机的分类及飞行任务阶段的划分

当对飞机的飞行品质进行评价时，首先需要对飞机的类型和飞行过程中的不同阶段进行分类。

对不同类型的飞机，飞行品质要求不同。例如，运输机、轰炸机与歼击机相比，前者不需要过高的机动能力，所以每 g 杆力应大些；而歼击机的过载大，每 g 杆力应小些。飞行品质规范 MIL-STD-1797 将飞机的类型划分为 4 类，如表 9-1 所列。

表 9-1　飞机的分类

类　别	类　型
Ⅰ	小型、轻型飞机，初级教练机 non maneuverable aircraft with mass less 100 000 kg
Ⅱ	中等质量、低至中等机动性飞机，如轰炸机、中型运输机、加油机等 non maneuverable aircraft with mass more than 100 000 kg
Ⅲ	大型、重型飞机，如重型运输机、重型轰炸机等 aircraft with limited maneuverability and take-off mass up to 30 000 kg
Ⅳ	高机动性飞机，如歼击机等 highly maneuverable aircraft with mass less 30 000 kg

飞行品质规范 MIL-STD-1797 根据飞行过程，将飞行任务划分为 3 个阶段，见表 9-2。在不同阶段飞行品质的定量要求也不同。

表 9-2　飞行任务阶段

飞行阶段	种　类	内　容
非场域	A	急剧机动、精确跟踪，例如空战、对地攻击、空中加油等 precise piloting task and maneuverable flight (aim-to aim，refueling，terrain following etc.)
	B	尽可能要求精确控制飞行轨迹，但可通过缓慢的机动并无需精确的跟踪，例如爬升、巡航、空投等 missions with low level of requirement to accuracy
场域	C	采用缓慢机动，并要准确控制飞行轨迹，如起飞进场着陆等 take off and landing

9.2.2　飞行品质规范框架体系

在飞行品质规范 MIL-STD-8785C 中主要从以下几方面对飞行品质要求(Requirements)提出具体的条款：

① 操纵效能：表示操纵飞机以获得一定范围的平衡飞行状态或机动动作的能力。

② 驾驶力：规定驾驶员为保持某平衡状态或进行机动飞行所需施加的操纵杆力或脚蹬力的范围或限度。

③ 静稳定性：对飞机的轴向静稳定性、速度静稳定性及与之有关的一些操纵性指标作出规定。

④ 动稳定性：对各扰动运动模态的阻尼和频率值作出规定。

⑤ 操纵系统特性：对操纵系统的机械特性（如摩擦、间隙、弹性等）和动态特性（对操纵力输入反应的滞后、操纵系统振荡的阻尼等）方面的要求。

⑥ 其他飞行品质要求：如对失速前的警告、飞机对大气湍流的反应、对失速和尾旋特性、急滚惯性耦合特性以及对系统故障的要求等。

飞行品质规范 MIL‐8785C 分系统、按阶段提出飞行品质要求。飞行品质规范 MIL‐STD‐1797A 分任务、按需求提出飞行品质要求，其增加的内容主要在 PIO 的定量、动态操纵品质要求和对直接力控制（DLC）飞机的要求。

MIL‐STD‐1797A 不同于 MIL‐8785C 飞行品质要求的框架体系包括：

4.1 一般要求（General requirements）：装载（Loadings）；惯量（Moments and products of inertia）；飞行包线（Flight Envelopes）；飞机构型（Configurations and States of the aircraft）；飞机的正常状态（Aircraft Normal States）；故障状态（Aircraft Failure States）；危险条件（Dangerous flight conditions）等。

4.2 俯仰轴的飞行品质要求（Flying qualities requirements for the pitch axis）：对俯仰控制的姿态响应（Pitch attitude dynamic response to pitch controller）；俯仰驾驶员诱发振荡（Pilot‐induced pitch oscillations）；驾驶员座位处的法向加速度（Normal acceleration at the pilot station）；俯仰配平变化（Pitch trim changes）；俯仰轴操纵效能（Pitch axis control power）；俯仰轴操纵力（Pitch axis control forces）；俯仰轴操纵位移（Pitch axis control displacements）等。

4.3 法向轴的飞行品质要求（Flying qualities requirements for the normal axis）：姿态变化的轨迹响应（Flight path response to attitude changes）；轨迹控制效能（Flight path control power）等。

4.4 纵轴（速度方向）的飞行品质要求（Flying qualities requirements for the longitudinal axis）：姿态变化的速度响应（Speed response to attitude changes）等。

4.5 滚转轴的飞行品质要求（Flying qualities requirements for the roll axis）：对滚转控制的滚转响应（Roll response to roll controller）；滚转驾驶员诱发振荡（Pilot‐induced roll oscillations）；驾驶员座位处的侧向加速度（Lateral acceleration at the pilot station）；定常侧滑时的滚转特性（Roll characteristics in steady sideslip）；侧风中起飞和着陆时的滚转轴操纵（Roll axis control for takeoff and landing in crosswinds）；滚转轴操纵效能（Roll axis control power）；滚转轴操纵力与位移（Roll axis control forces and displacements）等。

4.6 偏航轴的飞行品质要求（Flying qualities requirements for the yaw axis）：对偏航控制和侧力控制的偏航响应（Yaw axis response to yaw and side-force controllers）；对滚转控制的偏航响应（Yaw axis response to roll controllers）；偏航驾驶员诱发振荡（Pilot-induced yaw oscillations）；侧风中起飞和着陆时的偏航轴操纵（Yaw axis control for takeoff and landing in crosswinds）；偏航轴操纵效能（Yaw axis control power）；偏航轴操纵力（Yaw axis control forces）等。

4.7 横侧向轨迹轴的飞行品质要求(Flying qualities requirements for the flight path axis)。

4.8 组合轴的飞行品质要求(Flying qualities requirements for combined axis):滚转机动中的交叉耦合(Cross - axis coupling in roll maneuvers);大迎角飞行(Flight at high angle of attack)。

4.9 对大气扰动响应的飞行品质要求(Flying qualities requirements in atmospheric disturbance):大气扰动中允许的飞行品质降级(Allowable flying qualities degradations in atmospheric disturbances);大气扰动模型形式的确定(Definition of atmospheric disturbance model form)等。

飞行品质验证(Verification)是对上述要求的各条款进行验证。这是 MIL - STD - 1797A 的突出特点,更加明确了对验证的要求。

9.3 飞行品质的驾驶员评价

飞行品质定义为驾驶员对完成特定飞行任务的难易程度和精确程度的评价。由此可知,飞行品质的好坏主要由驾驶员进行评价的。评价意见的搜集是通过对驾驶员的询问、以问卷的形式获取的。表 9 - 3 列出了进近着陆阶段驾驶员评分问卷示例。

表 9 - 3　进近着陆阶段的驾驶员评分问卷

Approach and Landing Pilot Comment Card 进场和着陆驾驶员评语卡		
Facility: 熟练程度	Card No. : 卡号	Flight No. : 飞行编号
Configuration: 构型	Pilot: 驾驶员	Date: 日期

1. Pitch Attitude and Bank Angle Control and Tracking Capability? (Easy, Fair, Difficult)
   俯仰角和倾斜角的控制与跟踪能力?(容易,一般,困难)
2. Predictability of Pitch and Roll Response to Pilot Input? (Satisfactory, Abrupt, Sluggish)
   在驾驶员输入下预期的俯仰和滚转响应?(满意,剧烈,迟缓)
3. Did you see any PIO Tendencies in the Pitch or Roll Axis? ____ Yes ____ No
   在俯仰轴和滚转轴上是否发现任何的 PIO 趋势? ____是____否
   If Yes, did you have to reduce pilot gain to continue task or did you have to abandon the task to keep from diverging?
   如果是,是否必须通过降低驾驶员控制增益的方式继续执行任务? 或者是否必须放弃执行任务才能从发散响应中摆脱出来?
   Any special control techniques required?
   需要任何特殊的控制技能吗?
4. Ability to Control Flight Path? (Easy-Fair-Difficult)
   控制飞行轨迹的能力如何?(容易,一般,困难)
5. Ability to Control Airspeed (autothrottle OFF)? (Easy-Fair-Difficult)
   控制空速的能力如何(关闭自动油门系统)?(容易,一般,困难)
6. Centerstick Force and Displacement Characteristics? (Desirable-Satisfactory-Unsatisfactory)
   中央杆力和杆位移特性如何?(期望的,满意的,不满意的)
7. Was Pitch/Roll Harmony Satisfactory?
   俯仰/滚转的协调性是否令人满意?

续表 9 - 3

8. Rudder Pedal Force and Displacement Characteristics (if did not use, indicate so)? (Desirable-Satisfactory-Unsatisfactory)

方向舵脚蹬力和位移特性如何？（期望的，满意的，不满意的）

9. Flare and Touchdown-Any problems with runway line-up, sink rate control, tendency to float, lowering the nose?

拉平和触地——跑道对中、下沉率控制、飘平趋势、低头等动作中是否存在问题？

10. Approach vs. Landing-Which was more difficult and why?

进近和着陆——哪一个更难控制？为什么？

11. Effects of Wind/Turbulence?

风和紊流的影响效果？

12. Summary (brief)-Good/Bad Features.

简要总结——好或坏的特性

1957 年，CooperG. E. 发表了《理解并解释驾驶员的意见》一文，首次提出了驾驶员评分的概念和尺度。对于驾驶员的评价意见，为了减少主观因素的影响，需要对多名驾驶员进行多次飞行实验，并给出统一的术语和对应的评分，从而形成驾驶员统一的定量评价尺度。表 9 - 4 和表 9 - 5 分别列出了进近着陆阶段驾驶员评价尺度的定义示例和驾驶员评分卡示例。

表 9 - 4 进近着陆阶段的驾驶员评价尺度定义

Performance Definitions for Cooper-Harper Ratings Cooper-Harper 评分的性能定义	
Desired 理想的	Adequate 合适的
No Pilot-Induced Oscillations (PIOs) 没有 PIO 趋势	
Touchdown within 5 feet of centerline 触地点在距离中心线 5 ft 的范围内	Touchdown within 25 feet of centerline 触地点在距离中心线 25 ft 的范围内
Touchdown within ± 250 ft of aimpoint 触地点在距离目标点 ± 250 ft 的范围内	Touchdown within -250, $+750$ ft of aimpoint 触地点在距离目标点 $[-250, +750]$ ft 的范围内
Approach airspeed maintained within ± 5 knots 进近速度误差保持在 ± 5 节范围内	Approach airspeed maintained within -5 knots/$+10$ knots 进近速度误差保持在 $[-5, +10]$ 节范围内
Touchdown airspeed within ± 3 knots of target speed with less than 3 ft/second sink rate 触地速度在目标速度 ± 3 节范围内，下沉率不超过 3 ft/s	Touchdown airspeed within ± 5 knots of target speed with less than 9 ft/second sink rate 触地速度在目标速度 ± 5 节范围内，下沉率不超过 9 ft/s

表 9 - 5 进近着陆阶段的驾驶员评分卡

Segment 阶段	Cooper-Harper 评分	纵向 PIO 评分	横侧向 PIO 评分
Approach 进近			
Landing Flare 着陆拉平			

基于 Harper R. P. 针对驾驶员评分问题开展的大量飞行品质实验研究，Cooper G. E. 于

1966 年发表了《修订的驾驶员对操纵品质的评价尺度》一文。目前,国际上通用的驾驶员评价尺度是 Cooper 和 Harper 共同制定的,称为 Cooper-Harper 评价尺度(Cooper-Harper rating scale),也被称为 PR(Pilot Rating)、POR(Pilot Opinion Rating)、CHR(Cooper-Harper Rating)或 HQR(Handling Qualities Rating)。在美国的 MIL－F－8785B 以及后续的军用飞机飞行品质规范中都使用了 Cooper-Harper 评分作为驾驶员的主观评价尺度。

Cooper-Harper 飞行品质评价尺度如图 9－1 所示。

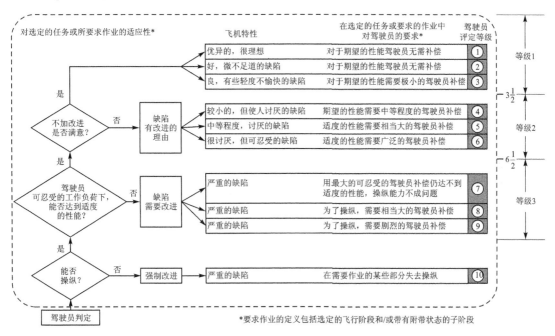

图 9－1　Cooper-Harper 飞行品质评价尺度

根据驾驶员完成特定任务的难易程度和精确程度,可以将 Cooper-Harper 评价分为 1～10 分。随着评分的提高,飞行品质变差,即 1 分最优,10 分最差。飞机特性、对驾驶员的要求以及 Cooper-Harper 评分之间的关系如表 9－6 所列。

表 9－6　飞机特性、对驾驶员的要求以及 Cooper-Harper 评分之间的关系

Aircraft Characteristics 飞机特性	Required Operation 对驾驶员的要求	Rating Scale 评价尺度
Excellent, Desirable 优异,十分理想	Pilot compensation not a factor for desired performance 对期望的性能无需驾驶员补偿	1
Good, negligible deficience 好,仅有微不足道的缺陷	Pilot compensation not a factor for desired performance 对期望的性能无需驾驶员补偿	2
Fair, some mildly unpleasant deficiencies 良,仅有轻微不舒服的缺陷	Desired performance required moderate pilot compensation 对期望的性能驾驶员需做出极少量的补偿	3
Minor but annoying deficiencies 较少,但使人讨厌	Desired performance requires moderate pilot compensation 对期望的性能驾驶员要做出中等程度的补偿	4

Aircraft Characteristics 飞机特性	Required Operation 对驾驶员的要求	Rating Scale 评价尺度
Moderately objectionable deficiencies 比较不好	Adequate performance requires considerable pilot compensation 驾驶员要做出相当大的补偿,才能得到适度的性能	5
Very objectionable but tolerable deficiencies 非常不好,但可容忍	Desired performance required extensive pilot compensation 驾驶员要做出广泛的补偿,才能得到适度的性能	6
Major deficiencies 有较大缺陷	Adequate performance not attainable with maximum tolerable pilot compensa-tion. Controllability not in question 要求驾驶员做出最大容许的补偿,但操纵不成问题	7
Major deficiencies 有较大缺陷	Considerable pilot compensation is required for control 为了操纵需要驾驶员做出相当大的补偿	8
Major deficiencies 有较大缺陷	Intense pilot compensation is required to retain control 为了操纵需要驾驶员做出极大的补偿	9
Major deficiencies 有重大缺陷	Control will be lost during some portion of required operation 在飞行任务的某些作业中失去操纵	10

从生理学角度划分的 Cooper-Harper 评价尺度是非线性的,即生理学感受尺度的划分不是等间隔的。例如,尺度 7、8、9 的生理感受区别不大;而 4、5、6 的区别则明显。另外,Cooper-Harper 评价尺度是驾驶员的主观评价,为了减少结果的分散,需要对驾驶员进行培训,对结果进行统计意义下的分析。

在 Cooper-Harper 10 分制评价尺度的基础上,飞行品质又被分为三级(Level):一级飞行品质为"满意的飞行品质",对应驾驶员 Cooper-Harper 评分为 1～3.5 分;二级飞行品质为"可以接受的飞行品质",对应驾驶员评分为 3.5～6.5 分;三级飞行品质为"不可以接受的飞行品质",对应驾驶员评分为 6.5～10 分。飞机的飞行品质一般应满足一级和二级要求。为保证飞机的飞行安全和实现其预定的功能,正常状态下应使飞行品质优于 3.5 分;在故障飞行状态下,驾驶员可控的飞行品质不应在 7.5 分以下。三个飞行品质等级与 Cooper-Harper 评分(PR)具有如表 9 - 7 所列的对应关系。

表 9 - 7　飞行品质等级与驾驶员评分的关系

Level	PR
1	1～3.5
2	3.5～6.5
3	6.5～9^+

驾驶员诱发振荡(Pilot Induced Oscciliation,PIO)是不良人机耦合问题中具有代表性的一种,是指由驾驶员操纵引起的、持续的、不可控的振荡。表 9 - 8 列出了目前通用的 PIO 评价尺度,PIO 的六标度评价流程如图 9 - 2 所示。

表 9 - 8　驾驶员诱发振荡的评价尺度

描　　述	评　分
No tendency for pilot to induce undesirable oscillations 没有不期望的 PIO 趋势	1
Undesirable motions tend to occur when pilot initiates abrupt maneuvers or attempts tight control. These motions can be prevented orelimination by pilot technique. 当驾驶员开始做突然的机动动作或者试图紧密控制时，飞机会出现不期望的运动。这些运动可以通过驾驶员的操纵避免或者消除	2
Undesirable motions easily induced when pilot initiates abrupt maneuvers or attempts tight control. These motions can be prevented orelimination but only at sacrifice to task performance or through considerable pilot attention and effort. 当驾驶员开始做突然的机动动作或者试图紧密控制时，飞机很容易诱发不期望的运动。只有当牺牲任务性能时或者在驾驶员付出相当大的注意力和努力的情况下，这些运动才能够避免或者消除	3
Oscillations tend to develop when pilot initiates abrupt maneuvers or attempts tight control. Pilot must reduce gain or abandon task to recover. 当驾驶员开始做突然的机动动作或者试图紧密控制时，飞机会出现振荡趋势。驾驶员必须减少控制增益或者放弃任务，才能摆脱 PIO	4
Disturbance oscillations tend to develop when pilot initiates abrupt maneuvers or attempts tight control. Pilot must open loop by releasing or freezing the stick. 当驾驶员开始做突然的机动动作或者试图紧密控制时，飞机会出现干扰振荡趋势。驾驶员必须开环控制，即松杆或者固定杆位置	5
Disturbance of normal pilot control may cause divergent oscillation. Pilot must open loop by releasing or freezing the stick. 驾驶员常规控制对引起飞机振荡发散。驾驶员必须开环控制，即松杆或者固定杆位置	6

由于驾驶员很难区分 PIO 是否是令人讨厌的（Nuisance），因此应用该尺度获得的评价结果比 PR 评分的结果更分散。PIO 评价尺度的主要价值在于，它能够提示飞机设计工程师和驾驶员就 PIO 问题进行更深一步的探讨。

针对故障问题，在 Cooper-Harper 评价尺度基础上还发展出了一种故障飞行品质评价尺度，评价流程如图 9 - 3 所示。

工程技术人员认为，驾驶员受纵向飞行品质要求的影响，对横侧向飞行品质的评价不够宽容。针对这种影响，在飞行品质规范中给出了修正模型。Mitchell 等人在 1990 年提出了一个估算多轴驾驶员评分的方法，其计算公式为

$$R_m = 10 + \frac{1}{-8.3^{m-1}} \prod_{i=1}^{m} (R_i - 1) \tag{9-1}$$

式中：m 是多轴的数量；R_i 是第 i 轴的驾驶员评分；R_m 是多轴驾驶员评分。

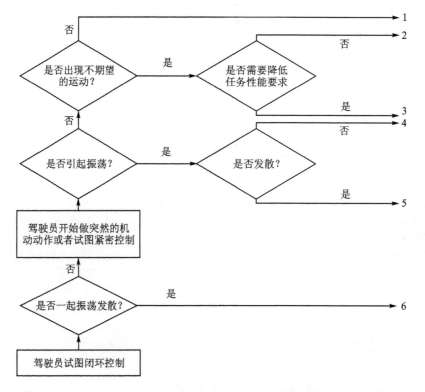

图 9-2　驾驶员诱发振荡的六标度评价流程

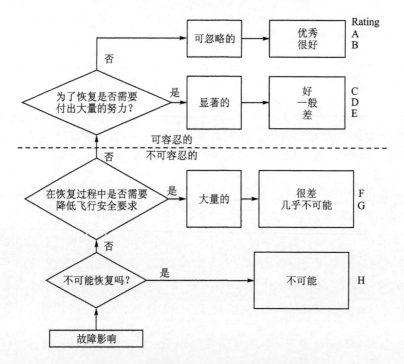

图 9-3　故障情况下的飞行品质评价流程

9.4　良好飞行品质的实现手段

飞机的飞行品质是驾驶员和飞机设计师们最关心的问题。为此,世界各航空工业发达国家的专门机构和专家竞相开展对飞机飞行品质及其评价方法的研究,并将研究成果用于新型飞机的设计,促进飞机飞行性能不断地提高,以满足日益增长的战术技术要求。

目前,飞行品质的研究方法主要包括以下4种:

① 飞行试验研究:通过飞机试飞来验证理论分析和地面模拟结果,并作为新飞机设计的依据。

② 理论分析研究:应用飞行力学、控制理论等方法分析飞机本身以及驾驶员、操纵系统和飞机组合系统的特性。

③ 地面飞行模拟:用地面飞行模拟器模拟驾驶员在飞行中所感受的飞行环境和特性,然后由驾驶员对模拟的状态进行评定。

④ 空中飞行模拟:利用可以在空中改变运动模态特性的变稳定性飞机模拟新飞机的特性,由驾驶员对新飞机的飞行品质作出预测。

理论分析法基于大量的飞行实践,它是最基本、最经济也是最容易实现的方法。由于现代电子及计算机技术的发展,地面和空中模拟实验设备为飞行品质的实验研究提供了有利的手段,成为当前飞行品质研究的重要工具。

早期飞机的飞行品质要求主要是通过气动布局设计来满足的。例如,通过气动和结构布局设计,使飞机的焦点与重心有合适的位置关系,来实现飞机的稳定性,通过控制面气动补偿来满足飞机的操纵性要求。随着飞机飞行性能的提高,仅靠气动设计很难满足飞机的飞行品质要求。例如,在高速飞机上,气动控制面的铰链力矩很大,由此造成很大的驾驶员操纵力,因此出现了助力器操纵系统。为了提高飞行性能,现代飞机广泛采用了放宽飞机静稳定性的要求,也就是飞机的焦点和重心的位置不能保证稳定性要求。为此,现代飞机需要通过控制器来改善飞行品质。

现代飞机广泛采用了增稳控制和控制增强来改善飞机的稳定性和操纵性。飞行品质研究涉及飞行动力学、飞行控制系统和驾驶员控制,本质上研究的是人机系统特性。飞行控制系统的功能很多,实现方式也多种多样。从飞行力学角度看,任何飞行控制系统都应该以满足飞行品质要求作为设计目标。满足飞行品质和规范要求的控制律设计步骤如图9-4所示。首先,应根据任务需求、飞行品质和规范要求形成飞行控制系统(Flight Control System,FCS)设计准则,在此基础上设计飞行控制律。然后,需要根据飞行品质准则的评价结果检验控制律设计是否满足要求,如果不满足飞行品质准则要求,则应修改控制律。通过了准则检验后,还需要驾驶员评价飞行品质是否满意,如果不满意则有可能要修改任务需求和FCS设计准则。重复上述步骤,最终获得满意的飞行控制律。

随着飞机飞行范围的不断扩大和在操纵系统内引入各类自动器,给飞行品质研究提出了不少新课题。其中,人机系统的理论与方法是研究飞行品质的基础,人机耦合是飞行品质研究的本质问题。随着飞机控制技术的发展,人机关系不断出现新的特征,由此带来飞行品质的新的问题。例如,相继出现的Ⅰ型(线性)、Ⅱ型(拟线性)和Ⅲ型(非线性)驾驶员诱发振荡问题。为了研究这些问题,在由驾驶员、操纵系统、自动器和飞机本体组合的系统中,需要建立不同形

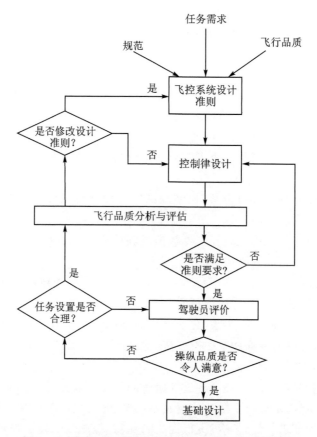

图 9 - 4　满足飞行品质和规范要求的控制律设计步骤

式的驾驶员行为数学模型,研究操纵系统与飞机机体之间动力学特性的相互耦合对飞行品质的影响。

　　本书将在后续章节分别介绍基于飞机本体特性的经典飞行品质要求、基于带自动器飞机的等效系统飞行品质要求、线性和非线性系统的 PIO 评价以及人机闭环飞行品质要求。

练习题

1. 什么是飞行品质? 研究飞行品质的主要目标是什么?
2. 以 MIL - STD - 1797A 为例,概述飞行品质规范的内容体系。
3. 请描述 Cooper-Harper 评价尺度与飞行品质等级的定义及关系。
4. 实现良好飞行品质的设计手段有哪些?

第 10 章　经典飞行品质要求

这里"经典"是指飞机具有传统的构型,飞机的气动布局满足飞行稳定性要求(例如,飞机的纵向气动焦点在重心后面适当的位置),飞机的稳定性无需控制器来提供。在早期的飞机构型设计中,常采用静稳定构型和机械式操纵,这种构型称为"常规构型"。这类飞机的飞行品质要求主要基于运动模态特性提出,例如,静操纵性与静稳定性的关系包括握杆静稳定性与平衡舵偏角的关系、松杆静稳定性与平衡杆力的关系等。

10.1　基于纵向模态特性的飞行品质要求

表 10-1 列出了典型的升降舵输入时飞机纵向三自由度传递函数模型形式。纵向传递函数的零、极点与飞行品质有密切的联系。"常规构型"的飞机具有两个典型的纵向运动模态,分别是短周期模态和长周期模态。短周期模态主要描述飞机姿态的快变化特性,其频率在 $1\sim 10~\text{rad/s}$ 之间,长周期模态主要描述飞行轨迹的慢变化特性,其频率比短周期模态频率低一个数量级,这样才能通过控制姿态来精确地控制轨迹。上述两个模态具有不同的特点,因此对它们的飞行品质要求也不相同。

表 10-1　飞机纵向传递函数模型典型形式

通道	传递函数模型形式
X 轴速度	$\dfrac{u(s)}{\delta_e(s)} = \dfrac{K_V\left(s+\dfrac{1}{T_{u_1}}\right)\left(s+\dfrac{1}{T_{u_2}}\right)}{(s^2+2\xi_{sp}\omega_{sp}s+\omega_{sp}^2)(s^2+2\xi_p\omega_ps+\omega_p^2)},\text{忽略}\ \overline{X}_c^{\delta_e}$
迎角	$\dfrac{\alpha(s)}{\delta_e(s)} = \dfrac{K_\alpha\left(s+\dfrac{1}{T_{\alpha_1}}\right)(s^2+2\zeta_\alpha\omega_\alpha s+\omega_\alpha^2)}{(s^2+2\zeta\omega_{sp}s+\omega_{sp}^2)(s^2+2\zeta_p\omega_ps+\omega_p^2)}$
俯仰角速度	$\dfrac{q(s)}{\delta_e(s)} = \dfrac{K_\vartheta s\left(s+\dfrac{1}{T_{\vartheta_1}}\right)\left(s+\dfrac{1}{T_{\vartheta_2}}\right)}{(s^2+2\xi_{sp}\omega_{sp}s+\omega_{sp}^2)(s^2+2\xi_p\omega_ps+\omega_p^2)}$
俯仰角	$\dfrac{\vartheta(s)}{\delta_e(s)} = \dfrac{K_\vartheta\left(s+\dfrac{1}{T_{\vartheta_1}}\right)\left(s+\dfrac{1}{T_{\vartheta_2}}\right)}{(s^2+2\xi_{sp}\omega_{sp}s+\omega_{sp}^2)(s^2+2\xi_p\omega_ps+\omega_p^2)}$
航迹倾角	$\dfrac{\gamma(s)}{\delta_e(s)} = \dfrac{K_\gamma\left(s+\dfrac{1}{T_{\gamma_1}}\right)\left(s+\dfrac{1}{T_{\gamma_2}}\right)\left(s+\dfrac{1}{T_{\gamma_3}}\right)}{(s^2+2\xi_{sp}\omega_{sp}s+\omega_{sp}^2)(s^2+2\xi_p\omega_ps+\omega_p^2)}$

飞机主要的纵向运动学关系式如下:

$$\alpha \approx \frac{w}{U_0} \tag{10-1}$$

$$n_{Z_{cg}} = \frac{a_Z}{g} = \frac{\ddot{h}}{g} \tag{10-2}$$

$$n_{Z_P} = n_{Z_{cg}} + \frac{l_P}{g}\ddot{\vartheta} \tag{10-3}$$

$$\gamma \approx \frac{\dot{h}}{U_0} \tag{10-4}$$

其中,U_0 代表基准运动下的空速,式(10-2)描述了飞机质心处的法向过载,式(10-3)描述了驾驶员处的法向过载。

10.1.1　长周期模态

飞机的纵向长周期模态(Phugoid mode)又称沉浮模态,描述飞机的俯仰姿态、飞行速度和高度以及飞行轨迹的缓慢振荡变化特性,可近似为动能和位能的交替变化。图 10-1 所示为飞机的沉浮运动过程。当飞行轨迹向下时,动能增加、位能减小;当飞行轨迹向上时,位能增加、动能减小。在轨迹变化过程中,飞行迎角变化很小。

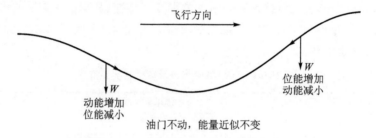

图 10-1　飞机在纵向平面内的长周期运动

飞机纵向三自由度小扰动运动方程如下式:

$$\begin{bmatrix} s - \bar{X}_u & -\bar{X}_w & g \\ -\bar{Z}_u & s - \bar{Z}_w & -sU_0 \\ -\bar{M}_u & -\bar{M}_w & s(s - \bar{M}_q) \end{bmatrix} \begin{bmatrix} \Delta u \\ \Delta w \\ \Delta \vartheta \end{bmatrix} = \begin{bmatrix} \bar{X}_{\delta_e} \\ \bar{Z}_{\delta_e} \\ \bar{M}_{\delta_e} \end{bmatrix} \Delta \delta_e \tag{10-5}$$

式中:各力导数均为单位质量下的导数值,例如 $\bar{X}_u = \dfrac{X_u}{m}$;力矩导数均为单位惯性矩 I_y 下的导数值,例如 $\bar{M}_u = \dfrac{M_u}{I_y}$。

在讨论长周期慢变化运动特性时,可近似认为 $\bar{M}_q \approx 0$ 和 $\bar{M}_{\dot{w}} \approx 0$。通常,升降舵偏转产生的阻力很小,假设 $\bar{X}_{\delta_e} = 0$。在飞行轨迹沉浮变化过程中,由于迎角基本不变,忽略迎角 α 或 w 代表的自由度,式(10-5)可简化为

$$\begin{bmatrix} s - X_u & g \\ -\bar{Z}_u & -sU_0 \end{bmatrix} \begin{bmatrix} \Delta u \\ \Delta \vartheta \end{bmatrix} = \begin{bmatrix} 0 \\ \bar{Z}_{\delta_e} \end{bmatrix} \Delta \delta_e \tag{10-6}$$

长周期模态的特征方程参见下式：

$$-U_0 \left(s^2 - \bar{X}_u s - \frac{g\bar{Z}_u}{U_0} \right) = 0 \tag{10-7}$$

由此，可以求解长周期模态的无阻尼自然频率 ω_p 和阻尼比 ξ_p：

$$\omega_p = \sqrt{-\frac{g\bar{Z}_u}{U_0}} \tag{10-8}$$

$$\xi_p = \frac{-\bar{X}_u}{2\omega_p} \tag{10-9}$$

对于亚声速飞行，可以假设 $C_{L_u} \approx 0$，因此有 $\bar{Z}_u \approx -\frac{\rho S U_0 C_L}{m}$。由于 $mg = \frac{1}{2}\rho U_0^2 S C_L$，可以推得 $\bar{Z}_u \approx -\frac{2g}{U_0}$，代入式(10-8)可得长周期模态频率的计算公式为

$$\omega_p = \frac{\sqrt{2}}{U_0}g \tag{10-10}$$

根据式(10-9)可以计算长周期模态的阻尼比 ξ_p。长周期阻尼可由导数 $\bar{X}_u$ 描述，体现飞机的阻力特性。

长周期模态属慢变化运动模态，周期很长，以纵向轨迹变化为主。与短周期模态相比，长周期模态对飞行品质的影响并不重要。描述长周期模态特性的主要参数包括周期 T_p 或频率 ω_p、阻尼比 ξ_p，其中阻尼比 ξ_p 最为重要。关于长周期阻尼比 ξ_p 的飞行品质要求如图 10-2 所示。分析图可知，阻尼比 ξ_p 越大，快速性越好，飞行品质评价也越好。

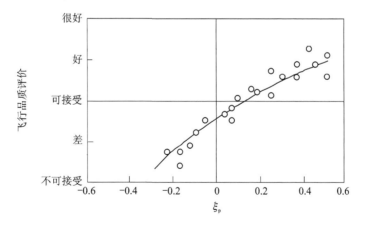

图 10-2　长周期模态的阻尼比要求

虽然阻尼比 ξ_p 较大可以获得好的飞行品质评价，但为了保证短周期模态的要求，实际飞机的长周期阻尼比 ξ_p 约为 0。在飞行品质规范中，对于不同类型的飞机，长周期模态飞行品质等级要求基本相同，具体要求见表 10-2。在飞行品质等级 3 的要求中，允许阻尼比 ξ_p 小于

零,但倍幅时 T_2 需大于 55 s,这意味着长周期模态不能发散得太快。由于长周期模态周期长、频率低,对于轻微的长周期不稳,驾驶员可以进行操纵补偿。

表 10 - 2   纵向长周期模态阻尼比的飞行品质要求

等 级	飞行品质要求
等级 1	$\xi_p > 0.04$
等级 2	$\xi_p > 0.00$
等级 3	$T_2 = \dfrac{-0.693}{\xi_p \omega_p} \geqslant 55 \text{ s}, \xi_p < 0$

图 10 - 3 所示为驾驶员闭环控制对某机纵向长、短周期特征根的影响趋势。该飞机本体传递函数为 $\dfrac{\vartheta}{\delta_e} = \dfrac{(s+0.3)(s+2)}{(s^2 + 2 \times 0.15 \times 0.6 + 0.6^2)(s^2 + 2 \times 0.2 \times 1.5 + 1.5^2)}$。当驾驶员采用升降舵控制俯仰姿态时,一个不大的驾驶员控制增益就能抑制长周期运动模态。

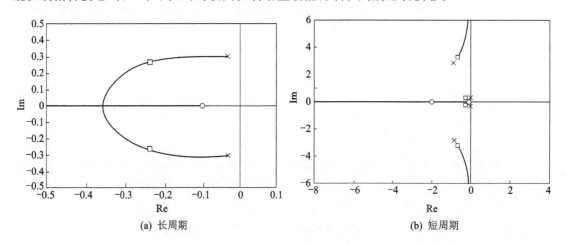

(a) 长周期   (b) 短周期

图 10 - 3   驾驶员闭环控制对某机纵向运动模态特征根的影响

10.1.2   短周期模态

相对于长周期模态而言,短周期模态(Short period mode)描述飞机的纵向瞬态响应,以迎角为代表,随后是俯仰角和法向过载,速度变化很小。如果忽略速度变化,并假设 $\bar{Z}_{\delta_e} = 0$,式(10 - 5)可写成以下形式:

$$\begin{bmatrix} s - \bar{Z}_w & -sU_0 \\ -\bar{M}_w & s(s - \bar{M}_q) \end{bmatrix} \begin{bmatrix} \Delta w \\ \Delta \vartheta \end{bmatrix} = \begin{bmatrix} 0 \\ \bar{M}_{\delta_e} \end{bmatrix} \Delta \delta_e \qquad (10 - 11)$$

在迎角不大的情况下,可近似认为 $\alpha \approx w/U_0, L \approx -Z$。将 $\Delta \dot{\vartheta} \approx q$ 代入式(10 - 11),可得

$$\begin{cases} (s - \bar{Z}_w) \Delta \alpha - q = 0 \\ -\bar{M}_w \Delta \alpha U_0 + (s - \bar{M}_q) q = \bar{M}_{\delta_e} \Delta \delta_e \end{cases} \qquad (10 - 12)$$

由此推导出俯仰角速度对升降舵偏角的传递函数为

$$\frac{q}{\Delta \delta_e} = \frac{\bar{M}_{\delta_e}(s - \bar{Z}_w)}{-\bar{M}_w U_0 + (s - \bar{M}_q)(s - \bar{Z}_w)} \tag{10-13}$$

因为 $\bar{Z}_w \approx -\dfrac{\bar{L}_a}{U_0}$,传递函数可以写成

$$\frac{q}{\Delta \delta_e} = \frac{\bar{M}_{\delta_e} \bar{L}_a}{U_0} \frac{\left(1 + \dfrac{U_0}{\bar{L}_a}s\right)}{s^2 - (\bar{M}_q + \bar{Z}_w)s + (\bar{M}_q \bar{Z}_w - \bar{M}_w U_0)} \tag{10-14}$$

即

$$\frac{q(s)}{\Delta \delta_e(s)} = \frac{M_\delta L_a}{m I_y U_0} \frac{1 + T_{\vartheta_2} s}{s^2 + 2\zeta_{sp}\omega_{sp}s + \omega_{sp}^2} \tag{10-15}$$

式中: $\omega_{sp} = \sqrt{\bar{M}_q \bar{Z}_w - \bar{M}_w U_0}$, $\xi_{sp} = \dfrac{-(\bar{M}_q + \bar{Z}_w)}{2\omega_{sp}}$, $T_{\vartheta_2} = \dfrac{U_0}{\bar{L}_a}$。

描述短周期特性的模态参数除了短周期频率 ω_{sp} 和阻尼比 ξ_{sp} 以外,分子时间常数 T_{ϑ_2} 对飞行品质的影响也很重要。对短周期零点要求的飞行品质等级边界如图 10-4 所示。

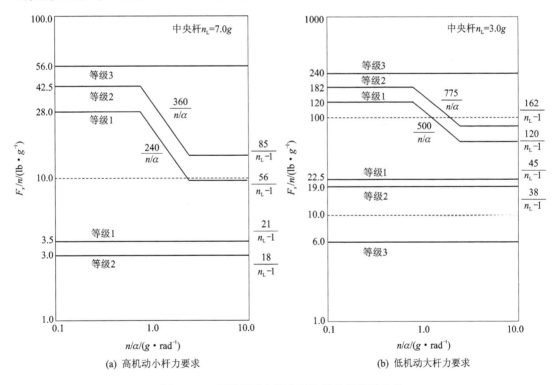

图 10-4 短周期零点要求的飞行品质等级边界

图 10-4 中纵坐标代表纵向机动的每 g 杆力 F_s/n,即每增加一个 g 的过载需要的驾驶员杆力。机动飞行中的 F_s/n 对驾驶员的操纵非常重要。如果 F_s/n 过大,则驾驶员不容易获得大的过载;如果 F_s/n 过小,则驾驶员微小的不当操纵会产生严重的后果。对于不同的控制任务,每 g 杆力要求并不完全相同。由图 10-4 可知,做高机动动作时要求杆力小,做低机动动

作时要求杆力大。

机动飞行中的每 g 杆力与飞行短周期零点特性相关。图 10-4 中横坐标代表加速度灵敏度参数 n/α，也可表示成 n_a，它是一个与短周期零点和飞行速度相关的特征参数，其表示为

$$n/\alpha = \frac{L}{W} g \frac{1}{\alpha} = \overline{L}_\alpha = \frac{U_0}{T_{\vartheta_2}} \qquad (10-16)$$

该参数描述单位迎角变化对应的法向过载的稳态值，单位为 g/rad。n/α 可用来度量飞行状态，具体描述高动压或者低动压状态。

短周期振荡的频率 ω_{sp} 和阻尼比 ξ_{sp} 与驾驶员评价的关系如图 10-5 所示。由图可知，各等级边界线就像指纹一样，因此该要求也称为"拇指纹"（Thumbprint）。

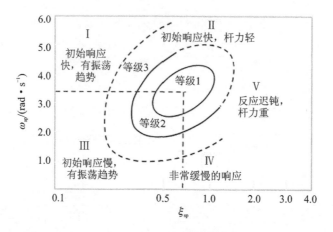

图 10-5 短周期模态要求

图 10-5 中平面被分为 5 个区域，其中 I 区的初始响应快，有振荡趋势；II 区初始响应快，杆力轻；III 区初始响应缓慢，有振荡趋势；IV 区的响应非常缓慢；V 区反应迟钝，杆力重。纵向短周期的最佳阻尼比要求为 $\xi_{sp} = 0.707$，理想的短周期频率为 $\omega_{sp} \approx 2.0 \sim 4.0 \text{ rad/s}$。

10.2 俯仰轴控制的飞行品质要求

10.2.1 升降舵输入的俯仰姿态响应要求

此项要求对飞行品质评价至关重要。这是因为飞机机头的指向是一个基本的轴向控制问题，也是对轨迹控制的一种间接控制方式。式（10-13）给出了俯仰姿态响应的传递函数，升降舵偏角阶跃输入响应与传递函数的零、极点分布有关。分子起超前作用，分子转折频率为

$$\omega_{\vartheta_2} = \frac{1}{T_{\vartheta_2}} = \frac{L_\alpha}{mU_0} \qquad (10-17)$$

短周期法向过载传递函数的零点 $\dfrac{1}{T_{\vartheta_2}}$ 反映了航迹倾角和俯仰角之间的关系，即

$$\frac{\gamma(s)}{\vartheta(s)} = \frac{1}{T_{\vartheta_2}s + 1} \qquad (10-18)$$

令 $\dfrac{\omega_{\vartheta_2}}{\omega_{sp}} = \dfrac{L_a}{mU_0\omega_{sp}}$，则可以用 $\dfrac{L_a}{mU_0\omega_{sp}}$ 和 ξ_{sp} 表示驾驶员的评价等级。当 $n/\alpha \leqslant 15$ g/rad 时，上述关系如图 10-6 所示。

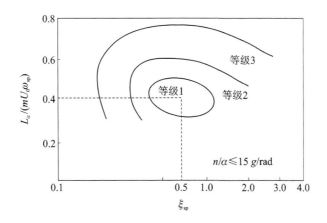

图 10-6　升降舵输入的俯仰姿态响应要求 ($n/\alpha \leqslant 15$ g/rad)

当 $n/\alpha > 15$ g/rad 时，以参数 n/α 和 ξ_{sp} 表示的驾驶员评价关系如图 10-7 所示。

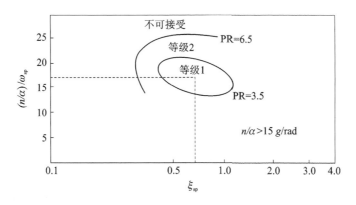

图 10-7　升降舵输入的俯仰姿态响应要求 ($n/\alpha > 15$ g/rad)

10.2.2　操纵期望参数 CAP

操纵期望参数 CAP(Control Anticipation Parameter) 常用来表示俯仰轴操纵的飞行品质，体现短周期运动的反应要求。考虑到飞机的操纵特点，轨迹的操纵是通过姿态操纵实现的，故定义 CAP 为升降舵阶跃输入的初始俯仰角加速度 $\dot{q}_0$ 与稳态过载 Δn_{ss} 之比。CAP 的定义可以理解为：对于一个精确控制任务的要求，驾驶员需根据飞机的初始反应 $\dot{q}_0$ 来推测和估计其最终的过载响应 Δn_{ss}：

$$\text{CAP} = \frac{\dot{q}_0}{\Delta n_{ss}} = \frac{初始反应}{稳态反应} \tag{10-19}$$

当 CAP 过小时，驾驶员会推测出操纵量不足，因而加大操纵量，产生过操纵；当 CAP 过大时，驾驶员会推测出操纵已过量，因而会减小操纵量，倾向于操纵不足。

1. CAP 的近似计算公式

略去平尾升力的情况,可以推导出 CAP 的近似计算公式。已知初始俯仰角速度为

$$\dot{q} = \frac{M_{\delta_e} \Delta\delta_e}{I_y} \qquad (10-20)$$

稳态过载可以根据传递函数求出。按力矩平衡条件

$$M_a \Delta\alpha + M_{\delta_e} \Delta\delta_e = 0 \qquad (10-21)$$

可得

$$\Delta\alpha = \frac{-M_{\delta_e}}{M_a} \Delta\delta_e \qquad (10-22)$$

由此,稳态过载可以写成

$$\Delta n_{ss} = \frac{\Delta L}{W} = \frac{L_a \Delta\alpha}{W} = -\frac{L_a M_{\delta_e}}{W M_a} \Delta\delta_e \qquad (10-23)$$

即

$$\Delta n_{ss} = -\frac{L_a M_{\delta_e}}{W I_y \bar{M}_a} \Delta\delta_e = \frac{L_a M_{\delta_e}}{W I_y \omega_{sp}^2} \Delta\delta_e \qquad (10-24)$$

所以

$$CAP = \frac{\dot{q}_0}{\Delta n_{ss}} \approx \frac{W\omega_{sp}^2}{L_a} = \frac{\omega_{sp}^2}{n/\alpha} \qquad (10-25)$$

2. CAP 与静稳定性的关系

已知 $n/\alpha \propto C_{L_a}$,$\omega_{sp}^2 \propto C_{m_a}$,即为

$$n/\alpha \approx \frac{C_{L_a} qS}{W} \qquad (10-26)$$

和

$$\omega_{sp}^2 \approx -\frac{qS\bar{c}}{I_y} C_{L_a} \left(\frac{C_{m_a}}{C_{L_a}} + \frac{C_{m_q}}{\mu_1} \right) \qquad (10-27)$$

式中括号内反映机动点与重心之间的距离,可以近似按焦点和重心来考虑。忽略括号内的后一项,可得

$$\frac{\omega_{sp}^2}{n/\alpha} \approx -\frac{C_{m_a}}{C_{L_a}} \bar{c} \frac{W}{I_y} = K_n \bar{c} \frac{W}{I_y} \qquad (10-28)$$

式中:K_n 为静稳定裕度。K_n 大于零时,表示焦点在重心之后。K_n 增加,则 CAP 也随之增加。

CAP 是个非常重要的参数,因为驾驶员感觉明确,工程人员清楚该参数对飞机设计的具体要求。

3. CAP 的频域解释

俯仰角加速度对杆力的传递函数为

$$\frac{\ddot{\vartheta}(s)}{F_s(s)} = \frac{M_{F_s} \left(s + \frac{1}{T_{\vartheta_2}} \right) \frac{1}{s}}{1 + \frac{2\xi_{sp}\omega_{sp}}{s} + \frac{\omega_{sp}^2}{s^2}} \qquad (10-29)$$

过载对杆力的传递函数为

$$\frac{n(s)}{F_s(s)} = \frac{M_{F_s} n/\alpha}{s^2 + 2\xi_{sp}\omega_{sp}s + \omega_{sp}^2} \tag{10-30}$$

上述传递函数的 Bode 图如图 10-8 所示。根据图上的初值和稳态值的相对大小,可以估计驾驶员的操纵感觉,这也是另一种计算 CAP 的方法。

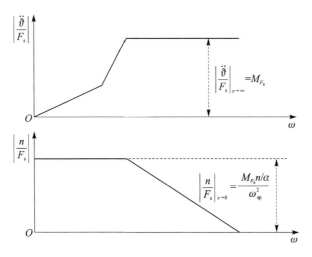

图 10-8　俯仰角加速度和过载对杆力的幅相频率特性

4. CAP 的飞行品质要求

短周期阻尼比 ξ_{sp} 用来表示对短周期运动的衰减要求。对不同类型的飞机,在不同飞行阶段的飞行品质等级边界不同,但形式类似。对 CAP 和 ξ_{sp} 的指标要求,MIL-STD-1797A 规范采用如图 10-9 所示的品质等级边界。另外,对三级品质衰减特性另有规定,详见规范。

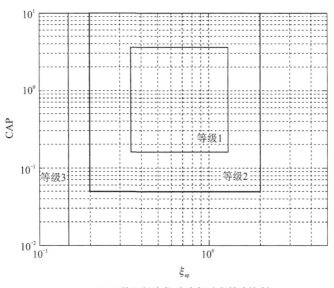

(a) A 种飞行阶段(空中机动和精确控制)

图 10-9　对 CAP 和 ξ_{sp} 的短周期反应要求

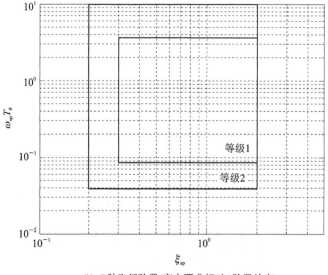

(b) B种飞行阶段(空中要求相对A阶段放宽)

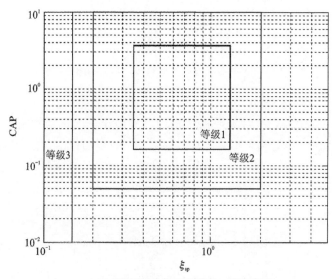

(c) C种飞行阶段(场域阶段，精确控制)

图 10 - 9   对 CAP 和 ξ_{sp} 的短周期反应要求(续)

从式(10 - 25)可见,指标 $\omega_{sp}T_{\vartheta_2}$ 与 CAP 是等效的,用来表示对短周期运动的反应要求。$\omega_{sp}T_{\vartheta_2}$ 表示飞机轨迹和俯仰姿态这两个反应之间的相位差。于是 $\omega_{sp}T_{\vartheta_2}$ 配合 ξ_{sp},也就确定了姿态频率响应的形状,希望在主要感兴趣频率范围内,与理想环节 k/s 频率响应接近。如果 ω_{sp} 和 $\dfrac{1}{T_{\vartheta_2}}$ 的两个频率很接近,飞机对指令输入的姿态反应和飞行轨迹反应就几乎同时发生,从而对俯仰操纵产生突然的起伏俯仰反应,驾驶员将会得出"难以配平"和"将会产生振荡"的评论。因此,用 $\omega_{sp}T_{\vartheta_2}$ 作为指标更能反映俯仰操纵的特点。

规范中对用 $\omega_{sp} T_{\vartheta_2}$ 和 ξ_{sp} 指标表示的要求,用图 10-10 来表示。

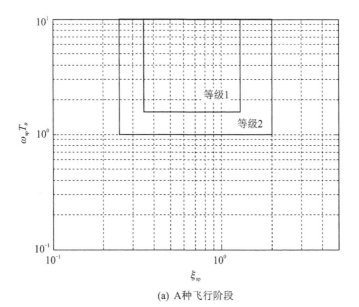

(a) A种飞行阶段

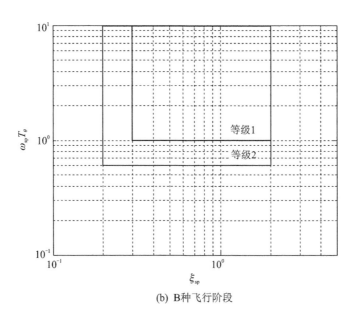

(b) B种飞行阶段

图 10-10　对 $\omega_{sp} T_{\vartheta_2}$ 和 ξ_{sp} 的短周期反应要求

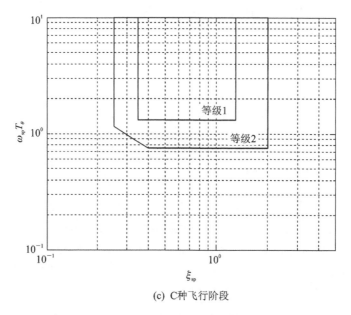

(c) C种飞行阶段

图 10 - 10   对 $\omega_{sp}T_{\vartheta_2}$ 和 ξ_{sp} 的短周期反应要求(续)

10.3   速度稳定性的飞行品质要求

在驾驶员保持飞行高度时,类似于自动器的升降舵反馈高度的 PD 控制,运动方程可以近似为

$$\begin{cases} \Delta X = X^V \Delta V + X^\alpha \Delta \alpha + X^{\delta_e} \Delta \delta_e = m\dot{V} \\ \Delta Y = Y^V \Delta V + Y^\alpha \Delta \alpha + Y^{\delta_e} \Delta \delta_e = 0 \\ \Delta M = M^V \Delta V + M^\alpha \Delta \alpha + M^{\delta_e} \Delta \delta_e = 0 \end{cases} \qquad (10-31)$$

速度的响应为

$$\Delta V = \Delta V_0 e^{t/T} \qquad (10-32)$$

对常规飞机来说,飞机空速与俯仰姿态的关系是空速应跟踪姿态的变化,空速随俯仰角的增加而减小。$T<0$ 时,速度响应收敛,符合满意的飞行品质要求;$T>0$ 时,如果倍增时间大于 6 s,是可以接受的飞行品质。

10.4   轨迹稳定性的飞行品质要求

常规飞机是通过姿态控制来实现轨迹控制的。本要求旨在保证长周期飞行轨迹对俯仰姿态的响应是驾驶员可以接受的,即飞行轨迹应该是稳定的。

图 10 - 11 所示为飞机在某一高度上做等速直线平飞时的平衡推力曲线。由图可知,平飞阻力随速度变化的曲线呈现勺形。这表明,当速度高于最小阻力速度时,随速度的增加,阻力也会增大;而当速度低于最小阻力速度时,阻力随速度的增大而减小,这属于速度不稳定现象。

如果用与轨迹控制有关的轨迹稳定性导数 $\dfrac{\mathrm{d}\gamma}{\mathrm{d}V}$ 来描述上述特性,则 $\dfrac{\mathrm{d}\gamma}{\mathrm{d}V}$ 小于零为正操纵区, $\dfrac{\mathrm{d}\gamma}{\mathrm{d}V}$ 大于零为反操纵区。长周期模态的稳定性与该导数密切相关。

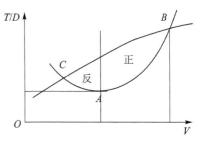

图 10 - 11　平衡推力曲线

将图 10 - 11 所示曲线转换为稳态飞行轨迹角与稳态速度的关系曲线,如图 10 - 12 所示。纵向俯仰飞行轨迹稳定性的评价准则可以表述为对该曲线斜率的限制,即在油门设置保持不变时,通过俯仰角的控制,飞行轨迹角随速度的变化率 $\dfrac{\mathrm{d}\gamma}{\mathrm{d}V}$ 应为负值。推力状态应符合正常进场下滑轨迹的要求。此外,还要求飞行轨迹角对速度曲线在 $V_{0\min}-5$ 节处的斜率比 $V_{0\min}$ 处的斜率在正值方向不大于 $0.01\,(°)/$ 节。

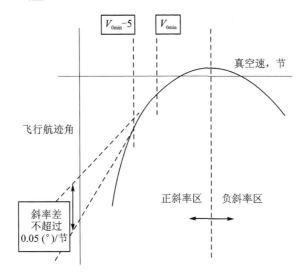

图 10 - 12　轨迹稳定性的飞行品质要求

由于飞行轨迹的变化属于慢变化,因此可以在某些状态下允许反操纵。在一般飞行状态下,定义飞行轨迹的稳定性意义并不大。但是在进场着陆阶段,满足飞行轨迹稳定性要求就显得很重要了。此时,较低的飞行速度使得驾驶员处于反操纵区,为实现轨迹的精确控制带来了困难。

10.5　基于横侧向模态特性的飞行品质要求

飞机的横侧向运动是横向和航向两个轴向运动的耦合,横、航向操纵面之间也相互耦合,因此横、航向操纵比纵向操纵要复杂得多。最强的横侧耦合来自于侧滑产生的滚转力矩和偏航力矩,滚转角速度和偏航角速度产生的交叉力矩、操纵面的交叉力矩也不可忽视。

横航向运动最主要的控制是通过副翼控制滚转角来实现的,其传递函数为

$$\frac{\phi(s)}{\Delta\delta_a(s)} = \frac{A_\phi(s^2 + 2\xi_\phi\omega_\phi s + \omega_\phi^2)}{\left(s + \dfrac{1}{T_S}\right)\left(s + \dfrac{1}{T_R}\right)(s^2 + 2\xi_d\omega_d s + \omega_d^2)} \tag{10-33}$$

式中：分母 T_S 为螺旋模态时间常数；T_R 为滚转模态时间常数；(ξ_d, ω_d) 代表荷兰滚振荡模态的阻尼和频率。分子 $A_\phi = \bar{L}_\delta$，$2\xi_\phi\omega_\phi = -\left(\bar{N}_r + \dfrac{Y_v}{m}\right) + \bar{N}_\delta \bar{L}_r / \bar{L}_\delta$。

主要的横侧操纵品质的参数包括 T_S、$\ddot{\phi}$、ω_ϕ/ω_d、T_d、$|\phi/\beta|$ 和 (ξ_d, ω_d)。

10.5.1 非振荡模态

1. 螺旋模态(Spiral mode)

由于该模态属于慢变化模态，对飞机飞行品质而言并不重要，因此对其要求也不严格。螺旋模态的时间常数满足 $|T_S| > 20 \, \mathrm{s}$ 即是满意的飞行品质。

2. 滚转模态(Roll mode)

由于荷兰滚振荡非常令驾驶员讨厌，如果近似认为 $\omega_\phi \approx \omega_d$ 和 $\xi_\phi \approx \xi_d$，式(10-33)描述的副翼控制滚转角传递函数的分子和分母的二次项就可以对消。一般情况下，T_S 远大于 T_R 时，可忽略 $1/T_S$ 时，滚转操纵的传递函数可近似为

$$\frac{\phi(s)}{\Delta\delta_a(s)} \approx \frac{A_\phi}{s\left(s + \dfrac{1}{T_R}\right)} \tag{10-34}$$

这是横向单自由度的近似传递函数，对驾驶员评价极为重要，分别对应有闭环要求和开环要求。

（1）闭环要求

图 10-13 给出了滚转补偿控制任务的人机闭环系统结构图。

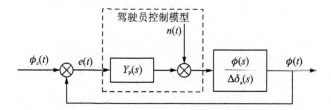

图 10-13 滚转补偿控制任务的人机闭环系统结构

根据人机耦合关系的转角模型理论，驾驶员模型的形式应取为

$$Y_P = K_P e^{-\tau_P s}(T_L s + 1) \tag{10-35}$$

若被控对象取为式(10-34)的形式，则开环传递函数为

$$Y_P(s) \cdot \frac{\phi(s)}{\Delta\delta_a(s)} = \frac{K_P e^{-\tau_P s}(T_L s + 1) A_\phi T_R}{s(T_R s + 1)} \tag{10-36}$$

图 10-14 所示为驾驶员超前补偿 T_L 与滚转模态参数 T_R 的关系。当 $T_L = T_R$ 时，开环传递函数满足转角模型形式

$$Y_P(s) \cdot \frac{\phi(s)}{\Delta\delta_a(s)} = \frac{K_P e^{-\tau_P s} A_\phi T_R}{s} \tag{10-37}$$

这是驾驶员的操纵目标,如图中的虚线所示。受驾驶员的生理条件限制,$T_L \leqslant 5$ s,图中阴影部分代表可接受的飞行品质边界。

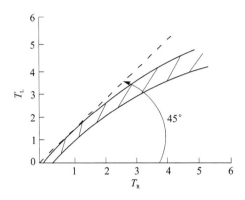

图 10 - 14　驾驶员模型参数与飞机滚转模态参数的关系

驾驶员超前补偿 T_L 越大,飞行品质越差。若驾驶员的操纵目标是尽量使 $T_L = T_R$,则可根据滚转模态参数 T_R 的大小评价飞机飞行品质,而无需确定驾驶员模型参数 T_L。

(2) 开环要求

在副翼单位阶跃输入下($\Delta \bar{\delta}_a = \dfrac{1}{s}$),滚转角的加速度响应可表示为

$$\ddot{\phi}(s) = s^2 \phi(s) = \frac{T_R A_\phi}{T_R s + 1} \tag{10-38}$$

滚转角的初始加速度,也是最大加速度,由初值定理计算可表示为

$$\ddot{\phi}(0) = \lim_{s \to \infty} s \frac{T_R A_\phi}{T_R s + 1} = A_\phi \tag{10-39}$$

驾驶员对滚转模态特性的飞行品质评价是基于初始加速度 A_ϕ 和滚转时间常数 T_R 的。图 10 - 15 给出了滚转控制飞行品质的开环要求。初始加速度 A_ϕ 越大,说明飞机的响应越快;滚转时间常数 T_R 越小,说明飞机的滚转机动性越好。

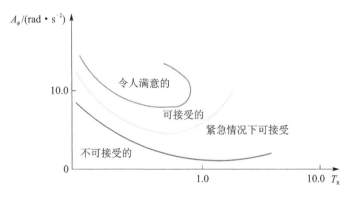

图 10 - 15　基于 A_ϕ 和 T_R 的飞行品质要求

10.5.2　荷兰滚模态

荷兰滚模态(Dutch-roll mode)是一个横侧振荡模态。从驾驶员的角度来看,这是一个令

驾驶员讨厌的模态,所以希望荷兰滚模态能够快速衰减。图 10-16 给出了由荷兰滚模态半衰期 $T_{1/2}$ 和横侧真空速度 v_e 表征的飞行品质要求,其中 v_e 定义为

$$v_e = \beta u_0 \sqrt{\frac{\rho}{\rho_0}} \qquad (10-40)$$

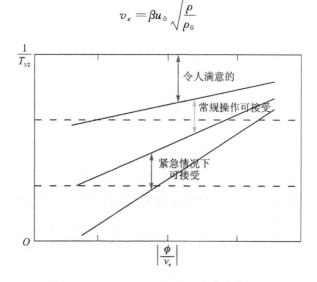

图 10-16 $T_{1/2}$ 和 v_e 表征的飞行品质要求

驾驶员不希望出现荷兰滚振荡。基于自动控制理论可知,当式(10-33)所示传递函数的零点和极点能够抵消时,就不会有荷兰滚的振荡响应,这可表示为 $[\xi_\phi, \omega_\phi] = [\xi_d, \omega_d]$。体现这一思想的飞行品质要求见图 10-17。

当参数 $\omega_\phi/\omega_d = 1$ 时,飞行品质最好。ω_ϕ/ω_d 可近似表示为

$$\frac{\omega_\phi}{\omega_d} \approx 1 - \frac{N_{\delta_a} L_\beta}{L_{\delta_a} N_\beta} \qquad (10-41)$$

若飞机具有横侧向静稳定性,则 $L_\beta < 0$,$N_\beta < 0$。当 $\delta_a > 0$ 时,$L_{\delta_a} \delta_a > 0$,飞机左滚。但若此时 $N_{\delta_a} > 0$,则 $N_{\delta_a} \delta_a > 0$,飞机机头右偏,使得 $\beta < 0$。由 $L_\beta \beta > 0$ 可知,飞机右滚。这是副翼操纵时产生的"不利"偏航,它对滚转操纵不利。由上述分析可知,"不利"偏航时,参数 $\dfrac{\omega_\phi}{\omega_d} < 1$。图 10-18 描述了零极点相对位置对飞行品质的影响。

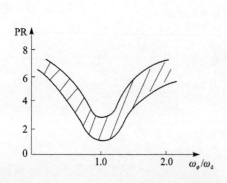

图 10-17 ω_ϕ/ω_d 表征的飞行品质要求

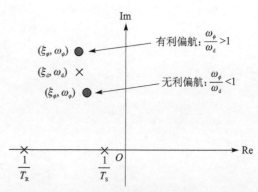

图 10-18 零极点的相对位置影响飞行品质

10.6　滚转轴操纵灵敏度的飞行品质要求

飞行品质规范中为杆式操纵的飞机规定了对滚转操纵力输入的滚转反应,即滚转灵敏度。表 10 - 3 所列为最大滚转操纵灵敏度的建议值。

表 10 - 3　最大滚转操纵灵敏度的建议值

等　级	飞行阶段种类	最大灵敏度(1 s 内倾斜角/磅)
1	A	15.0
	C	7.5
2	A	25.0
	C	12.5

练习题

1. 在飞行品质规范中,对飞机纵向短周期模态特性是如何要求的?
2. 简述操纵期望参数(CAP)的含义,并从飞机设计的角度列举影响 CAP 的主要因素。
3. 请从人机耦合关系的角度分析驾驶员评分 PR 与滚转模态时间常数 T_R 的关系。

第 11 章　基于等效系统的飞行品质要求

现代飞机为了提高飞行性能,在气动布局上放宽了对稳定性的要求。由此带来的飞行品质问题,需要通过控制系统来改善,例如现代飞机广泛采用增稳控制。带自动器飞机的飞行动力学模型是高阶的,为了进行飞行品质评价,常使用低阶等效模型去拟配高阶响应。高阶系统的低阶等效拟配是带自动器飞机飞行品质评价的一种手段。本章将讨论低阶等效拟配方法,在此基础上介绍基于等效模型的飞行品质要求。

11.1　等效系统的概念

带自动器飞机的系统动力学模型除飞机运动方程外,还包括舵机、测量传感器、滤波器、调节元件等在内的飞行控制系统。经典的飞行品质准则不能直接用于带自动器飞机的飞行品质评价。

对于带有自动器的飞机,采用低阶等效系统去拟配高阶响应,可以获得与经典形式类似的飞行动力学模型,从而将一些经典的飞行品质评价指标扩展到高阶系统。飞行品质规范 MIL - F - 8785C 提出了适用于该规范的低阶等效模型,在此基础上,MIL - STD - 1797A 对原模型进行了改善和补充,使模型拟配的方法、拟配精度的计算更规范。

本章根据 MIL - F - 8785C 和 MIL - STD - 1797A 对等效系统飞行品质的要求和建议,介绍在频率域内对高阶系统进行低阶等效拟配的方法。

11.2　低阶等效拟配方法

带有增稳和控制增强 SAS/CAS 控制器的飞机系统属于高阶系统,因此对此类飞机进行飞行品质评价时可采用低阶等效系统。等效系统(Equivalent system)是高阶系统的低阶近似模型,应用低阶等效系统可以借鉴人们已经熟悉的经典运动模态(Classical mode)的飞行品质要求,来评价现代飞机的飞行品质。

等效系统准则早在 MIL - F - 8785C 中就已提出,即用一个动力学特性相近似的低阶系统来代替带自动器飞机的高阶动力学系统,然后仍用习惯的指标来评价飞行品质。MIL - STD - 1797A 在 MIL - F - 8785C 的基础上提出了更适用、更有效的飞行品质要求,与 MIL - F - 8785C 的不同点在于:

① 等效系统采用了完整的三自由度纵向运动模型乘以纯延迟环节;
② 规定了失配包线;
③ 提出了新的飞行品质评价指标。

11.2.1　等效模型形式

对于常规控制响应类型,可采用飞机本体运动模态＋延迟环节作为相应的低阶等效模型,其中延迟环节用来描述高阶相位滞后。而非常规控制响应类型应属于限制的响应类型（Limiting response），其等效系统模型不呈现经典形式，例如带有 CAS 的俯仰姿态指令的短周期等效系统模型形式为

$$\frac{\vartheta(s)}{\delta_e(s)} = \frac{K e^{-\tau s}}{(s^2 + 2\xi_{sp}\omega_{sp}s + \omega_{sp}^2)} \qquad (11-1)$$

而经典的短周期模型形式为

$$\frac{\vartheta(s)}{\delta_e(s)} = \frac{K(s + \omega_{\vartheta_2})}{(s^2 + 2\xi_{sp}\omega_{sp}s + \omega_{sp}^2)} \qquad (11-2)$$

对于限制的响应类型，例如直接力形式，有专门的等效模型形式，本书对此不作详细讨论。

11.2.2　等效模型的参数优化

根据高阶系统特性拟配低阶等效系统模型参数，是一个求性能指标极小值的参数优化问题。具体做法首先是计算高阶系统的幅相频率特性，然后根据给定低阶等效系统模型形式，优化低阶系统的模型参数，使其最佳逼近高阶系统的幅相频率特性。

在参数优化问题中，优化目标函数的选取非常重要，直接影响模型拟配的结果。在飞行品质规范中建议的优化性能指标形式如下：

$$J(\boldsymbol{X}) = \sum_{i=1}^n \left\{ \left[|G_H(\omega_i)| - |G_L(\boldsymbol{X},\omega_i)| \right]^2 + K\left[\angle G_H(\omega_i) - \angle G_L(\boldsymbol{X},\omega_i) \right]^2 \right\}$$

$$(11-3)$$

式中：n 为拟配点的数目；K 为加权因子，当相角单位为度（°）时，K 可取 0.017 45，或近似取为 0.02；$|G_H(\omega_i)|$ 和 $\angle G_H(\omega_i)$ 分别为第 i 个拟配点处高阶系统传递函数的幅值（单位为 dB）和相位（单位为（°））；$|G_L(\boldsymbol{X},\omega_i)|$ 和 $\angle G_L(\boldsymbol{X},\omega_i)$ 分别为第 i 个拟配点处低阶等效系统传递函数的幅值（单位为 dB）和相位（单位为（°））；$\boldsymbol{X}$ 为需要优化的等效系统模型参数。

低阶等效拟配的频率范围跟具体拟配的飞机特性有关，例如纵向短周期拟配的频率范围一般取为 0.1～10 rad/s，而纵向长周期拟配的低频边界可适当扩展到 0.01 rad/s。图 11-1 所示为高阶系统低阶等效拟配的原理图。

以式（11-3）作为模型参数优化的性能指标。考虑到优化目标函数 J 为二次型形式，可以采用阻尼最小二乘法进行拟配。首先，将式（11-3）改写为

$$J(\boldsymbol{X}) = \frac{1}{2}\sum_{i=1}^n f_i^2(\boldsymbol{X}) \qquad (11-4)$$

式中，$f_i(\boldsymbol{X}) = \begin{cases} |G_H(\omega_i)| - |G_L(\boldsymbol{X},\omega_i)|, & i=1,2,\cdots,n/2 \\ [\angle G_H(\omega_i) - \angle G_L(\boldsymbol{X},\omega_i)] \cdot \sqrt{K}, & i=n/2+1,n/2+2,\cdots,n \end{cases}$

参数优化就是要获得参数矢量 $\boldsymbol{X} = [x_1,x_2,\cdots,x_m]$（一般 $n>m$），使 $J(\boldsymbol{X})$ 极小，即要求

$$\nabla J(\boldsymbol{X}) = \left[\frac{\partial J}{\partial x_1},\frac{\partial J}{\partial x_2},\cdots,\frac{\partial J}{\partial x_m}\right]^{\mathrm{T}} = \boldsymbol{0} \qquad (11-5)$$

设 $\boldsymbol{X}_0$ 为解的初值，通过对 $f(\boldsymbol{X})$ 线性近似，有

$$\boldsymbol{f}(\boldsymbol{X}) = \boldsymbol{f}_0 + \boldsymbol{A}_0 \cdot \Delta \boldsymbol{X} \qquad (11-6)$$

式中：$\boldsymbol{f}_0 = [f_i(\boldsymbol{X}_0)]$，$\boldsymbol{A}_0 = [\partial f_i(\boldsymbol{X}_0)/\partial x_j]$（$i=1,2,\cdots,n;j=1,2,\cdots,m$）。于是式（11-6）转化为

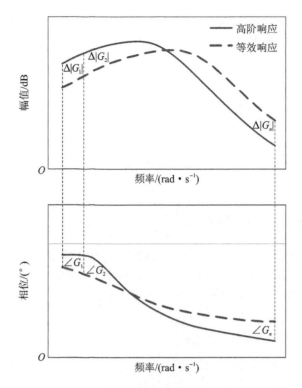

图 11-1 高阶系统低阶等效拟配原理图

$$\boldsymbol{A}_0^{\mathrm{T}}\boldsymbol{A}_0\Delta\boldsymbol{X}+\boldsymbol{A}_0^{\mathrm{T}}\boldsymbol{f}_0=0 \tag{11-7}$$

为改善迭代条件,引入阻尼因子 ν,适当加大阻尼矩阵 $\boldsymbol{A}_0^{\mathrm{T}}\boldsymbol{A}_0$ 的主对角元素,上式改写成

$$(\boldsymbol{A}_0^{\mathrm{T}}\boldsymbol{A}_0+\nu^2\boldsymbol{I})\Delta\boldsymbol{X}+\boldsymbol{A}_0^{\mathrm{T}}\boldsymbol{f}_0=0 \tag{11-8}$$

最终求得 $\boldsymbol{X}=\boldsymbol{X}_0+\Delta\boldsymbol{X}=\boldsymbol{X}_0-(\boldsymbol{A}_0^{\mathrm{T}}\boldsymbol{A}_0+\nu^2\boldsymbol{I})^{-1}\boldsymbol{A}_0^{\mathrm{T}}\boldsymbol{f}_0$,再代入式(11-7),通过多次迭代,直到 $\nabla J(\boldsymbol{X})$ 小于某值为止。

式(11-4)是一个求解参数 $\boldsymbol{X}$ 的优化问题,除上述算法外,也可采用其他算法,例如,各种智能算法。

11.2.3　等效拟配精度

飞行品质可以按照飞机的低阶等效模型参数(包括经典模型参数和延迟时间常数)进行评价。当低阶等效拟配的误差过大,即不能得到很好的拟配结果时,飞行品质的评价结果也会变差。飞行品质规范 MIL-STD-1797A 提出了采用失配度来衡量拟配精度的方法。失配度可由式(11-9)定量计算,它描述了高阶系统与低阶等效模型传递函数的幅相频率特性之差:

$$M=\sum\left[\left|G_{\mathrm{H}}(\omega)\right|-\left|G_{\mathrm{L}}(\omega)\right|\right]^2+K\sum\left[\angle G_{\mathrm{H}}(\omega)-\angle G_{\mathrm{L}}(\omega)\right]^2 \tag{11-9}$$

飞行模拟实践表明,驾驶员对人机开环穿越频率区 $1\sim4$ rad/s 范围内的动态特性变化反应最为敏感,而在低于或高于该频域段内附加的动态特性,驾驶员不太注意。飞行品质规范中提出了失配包线的概念,见图 11-2。当高阶系统和低阶等效系统在规定的频率范围中位于失配包络线内时,则认为拟配结果是可以接受的,否则建议用其他准则指标来评价飞行品质。

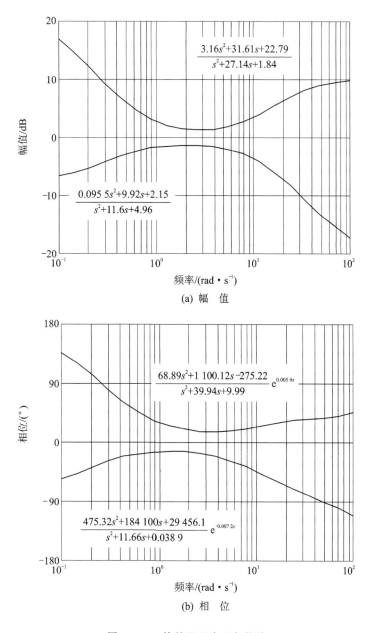

图 11 - 2　等效拟配失配包络线

11.3　纵向低阶等效拟配

11.3.1　纵向低阶等效模型形式选取

　　等效系统模型是在原经典模型的基础上,为了弥补高阶系统进行低阶拟配时的相位失配,增加了一个延迟环节。在飞行品质规范 MIL - STD - 1797A 中,分别建议了两种等效模型拟配：一种是单模型拟配，另一种是双模型拟配。

用杆力输入 $F_e(s)$ 代替升降舵 $\delta_e(s)$，纵向单模型拟配的等效系统模型形式如下式：

$$\frac{\vartheta(s)}{F_e(s)} = \frac{k_\vartheta(s+1/T_{\vartheta_1})(s+1/T_{\vartheta_2})e^{-\tau_\vartheta s}}{(s^2+2\omega_{sp}\xi_{sp}s+\omega_{sp}^2)(s^2+2\omega_p\xi_p s+\omega_p^2)} \tag{11-10}$$

$$\frac{q(s)}{F_e(s)} = \frac{k_\vartheta s(s+1/T_{\vartheta_1})(s+1/T_{\vartheta_2})e^{-\tau_\vartheta s}}{(s^2+2\omega_{sp}\xi_{sp}s+\omega_{sp}^2)(s^2+2\omega_p\xi_p s+\omega_p^2)} \tag{11-11}$$

$$\frac{n_z(s)}{F_e(s)} = \frac{k_n(s+1/T_{n_1})e^{-\tau_n s}}{(s^2+2\omega_{sp}\xi_{sp}s+\omega_{sp}^2)(s^2+2\omega_p\xi_p s+\omega_p^2)} \tag{11-12}$$

式(11-12)中的 n_z 代表飞机的法向过载系数。

根据需要，可以对俯仰角速度 q 和过载 n_z 同时进行拟配。同时拟配两个等效系统模型的拟配称为双模型拟配，此时的拟配目标函数可以写成

$$J = \sum_{i=1}^n \{[(|G_1(\omega_i)|_H - |G_1(\omega_i)|_L)^2 + (|G_2(\omega_i)|_H - |G_2(\omega_i)|_L)^2]\} +$$

$$\sum_{i=1}^n \{K[(\angle G_1(\omega_i)_H - \angle G_1(\omega_i)_L)^2 + (\angle G_2(\omega_i)_H - \angle G_2(\omega_i)_L)^2]\} \tag{11-13}$$

式中：$G_1(s)=\dfrac{q(s)}{F_e(s)}$，$G_2(s)=\dfrac{n_z(s)}{F_e(s)}$。

11.3.2 纵向等效拟配模型参数初值确定

低阶等效拟配模型参数初值的选取是非常重要的。初值选取不当，会使得计算收敛速度慢、效果差。通常是根据飞机纵向运动响应特性来确定参数初值的，具体步骤如下：

① 取飞机本体传递函数的零点作为等效系统零点的初值，如 $(1/T_{\vartheta_1})_0$、$(1/T_{\vartheta_2})_0$ 和 $(1/T_{n_1})_0$；

② 根据飞机+飞控高阶系统的闭环传递函数极点，确定相应的等效系统极点的初值，如 ξ_{sp0}、ω_{sp0}、ξ_{p0} 和 ω_{p0}；

③ 在已定零、极点初值条件下，通过对 J 求极值的方法，确定等效系统的增益系数和延迟时间，即令 $\dfrac{\partial J}{\partial k_\vartheta}=0, \dfrac{\partial J}{\partial \tau_\vartheta}=0, \dfrac{\partial J}{\partial k_n}=0, \dfrac{\partial J}{\partial \tau_n}=0$，求得 $k_{\vartheta0}$、k_{n0}、$\tau_{\vartheta0}$ 和 τ_{n0}。

11.3.3 纵向等效拟配示例

以 F-16 飞机在某飞行状态飞行为例，按 11.2 节所述方法进行等效拟配。根据式(11-10)进行单拟配，拟配结果见式(11-14)，拟配曲线如图 11-3 所示，失配度为 0.003。

$$\frac{\vartheta(s)}{F_e(s)} = \frac{9.35 \times (s+5.35) \times (s+1.04) \times e^{-0.07s}}{(s^2+2\times4.61\times0.79s+4.61^2) \times (s^2-2\times0.003\times0.99s+0.003^2)} \tag{11-14}$$

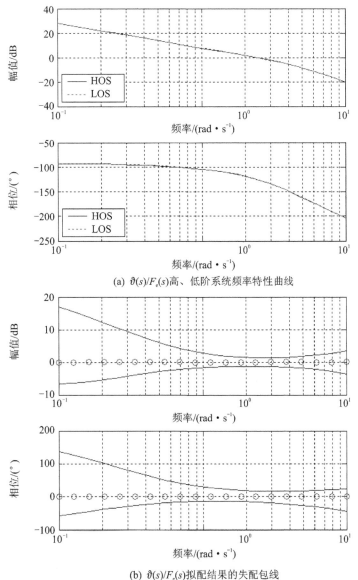

(a) $\vartheta(s)/F_e(s)$高、低阶系统频率特性曲线

(b) $\vartheta(s)/F_e(s)$拟配结果的失配包线

图 11 - 3　算例飞机的单拟配曲线

按式(11-11)和式(11-12)进行双拟配,拟配结果见下式:

$$\frac{q(s)}{F_e(s)} = \frac{6.88s \times (s+5.62) \times (s+1.58) \times e^{-0.05s}}{(s^2 + 2 \times 5.00 \times 0.48s + 5.00^2) \times (s^2 + 2 \times 0.11 \times 4.08s + 0.11^2)}$$

(11 - 15)

$$\frac{n_z(s)}{F_e(s)} = \frac{22.70 \times (s+0.02) \times e^{0.09s}}{(s^2 + 2 \times 5.00 \times 0.48s + 5.00^2) \times (s^2 + 2 \times 0.11 \times 4.08s + 0.11^2)}$$

(11 - 16)

拟配曲线如图 11-4 所示,失配度为 82.2。

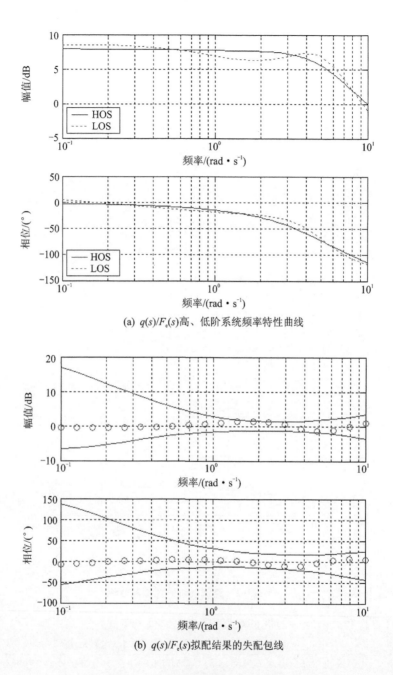

(a) $q(s)/F_e(s)$高、低阶系统频率特性曲线

(b) $q(s)/F_e(s)$拟配结果的失配包线

图 11 - 4　算例飞机的双拟配曲线

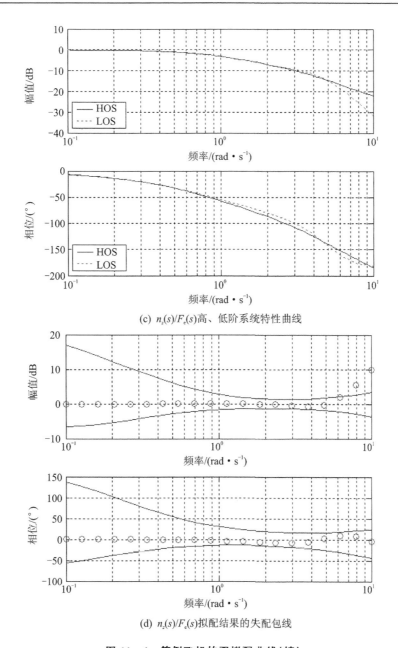

(c) $n_z(s)/F_e(s)$高、低阶系统特性曲线

(d) $n_z(s)/F_e(s)$拟配结果的失配包线

图 11 - 4 算例飞机的双拟配曲线(续)

11.4 横侧向低阶等效拟配

11.4.1 横侧向低阶等效模型形式选取

根据 MIL - STD - 1797A,等效滚转和侧滑传递函数的定义如下:

$$\frac{\phi(s)}{F_a(s)} = \frac{K_\phi \times (s^2 + 2 \times \xi_\phi \times \omega_\phi \times s + \omega_\phi^2) \times e^{-\tau_p s}}{(s + 1/T_S) \times (s + 1/T_R) \times (s^2 + 2 \times \xi_d \times \omega_d \times s + \omega_d^2)} \quad (11-17)$$

$$\frac{\beta(s)}{F_r(s)} = \frac{(A_3 \times s^3 + A_2 \times s^2 + A_1 \times s + A_0) \times e^{-\tau_\beta s}}{(s + 1/T_S) \times (s + 1/T_R) \times (s^2 + 2 \times \xi_d \times \omega_d \times s + \omega_d^2)} \quad (11-18)$$

采用此模型双拟配飞机的高阶特性,可获得等效滚转模态时间常数 T_R、等效螺旋模态时间常数 T_S、等效荷兰滚模态阻尼比 ξ_d 和固有频率 ω_d 以及等效滚转时间延迟 τ_p 等参数。通过这些参数可直接评价飞机的滚转模态、滚转时间延迟、对滚转操纵器的偏航轴反应等特性。另外,对这些参数进行相应处理,可获得评价飞机的螺旋稳定性、滚转振荡等特性的参数。

根据 MIL-STD-1797A 的建议,在评价飞机横侧向动态反应时:

① 若 τ_β 和 $|\phi/\beta|_d$ 的值较小,则使用式(11-19)这种简化模型进行单拟配:

$$\frac{\beta(s)}{F_r(s)} = \frac{K_\beta \times e^{-\tau_\beta s}}{(s^2 + 2 \times \xi_d \times \omega_d \times s + \omega_d^2)} \quad (11-19)$$

② 当 $|\phi/\beta|_d$ 的值较大时,需采用式(11-17)和式(11-20)进行双拟配:

$$\frac{\beta(s)}{F_a(s)} = \frac{(A_3 \times s^3 + A_2 \times s^2 + A_1 \times s + A_0) \times e^{-\tau_\beta s}}{(s + 1/T_S) \times (s + 1/T_R) \times (s^2 + 2 \times \xi_d \times \omega_d \times s + \omega_d^2)} \quad (11-20)$$

通过低阶等效拟配,均能获得满意的 ξ_d 和 ω_d 的值。

11.4.2　横侧向等效拟配模型参数初值确定

根据飞机横侧向运动反应特性来确定初值,具体步骤如下:

① ω_ϕ,ξ_ϕ,A_3,A_2,A_1,A_0 的初值均可直接选取飞机本体传递函数相应的值;

② 滚转、螺旋模态的根 $1/T_R$ 和 $1/T_S$ 的初值可选取高阶系统传递函数中与飞机环节相应的极点值或飞机本体传递函数相应的极点值;

③ 荷兰滚模态的阻尼比 ξ_d 的初值可选取高阶系统传递函数中相应的阻尼比,固有频率 ω_d 的初值选取高阶系统幅频特性曲线峰值对应的频率值;

④ 在其他参数初值确定之后,通过对 J 求极值的方法确定等效系统增益系数和延迟时间,即令 $\frac{\partial J}{\partial K_\beta} = 0$,$\frac{\partial J}{\partial K_\phi} = 0$,$\frac{\partial J}{\partial \tau_\beta} = 0$,$\frac{\partial J}{\partial \tau_p} = 0$,求 K_β,K_ϕ,τ_β,τ_p。

11.4.3　横侧向等效拟配示例

以 F-16 飞机在某飞行状态飞行为例,按 11.2 节所述方法进行等效拟配。按式(11-17)和式(11-18)对横侧向特性进行双拟配,拟配结果见下式:

$$\frac{\phi(s)}{F_a(s)} = \frac{5.45 \times (s^2 + 2 \times 0.46 \times 1.70s + 1.70^2) \times e^{-0.03s}}{(s + 0.01) \times (s + 6.13) \times (s^2 + 2 \times 0.47 \times 1.92s + 1.92^2)} \quad (11-21)$$

$$\frac{\beta(s)}{F_r(s)} = \frac{(-0.00s^3 + 5.70s^2 + 9.91s + 0.04) \times e^{-0.05s}}{(s + 0.00) \times (s + 6.13) \times (s^2 + 2 \times 0.47 \times 1.92s + 1.92^2)} \quad (11-22)$$

拟配曲线如图 11 - 5 所示,失配度为 8.450。

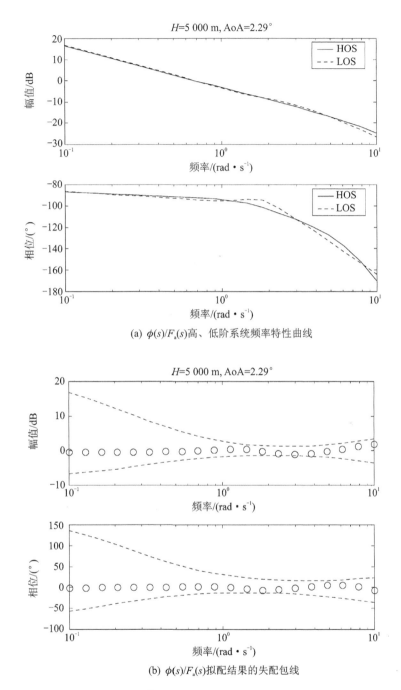

(a) $\phi(s)/F_a(s)$高、低阶系统频率特性曲线

(b) $\phi(s)/F_a(s)$拟配结果的失配包线

图 11 - 5　算例飞机横侧向反应的双拟配曲线

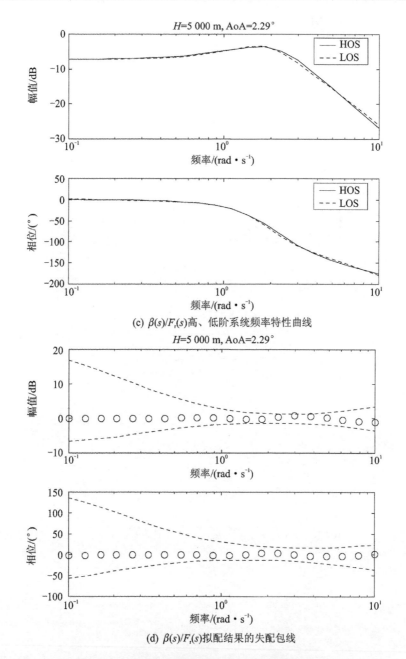

(c) $\beta(s)/F_r(s)$高、低阶系统频率特性曲线

(d) $\beta(s)/F_r(s)$拟配结果的失配包线

图 11 - 5　算例飞机横侧向反应的双拟配曲线(续)

按式(11 - 19)对横向特性进行单拟配,拟配结果见下式:

$$\frac{\beta(s)}{F_r(s)} = \frac{3.63 \times e^{-0.01s}}{(s^2 + 2 \times 0.46 \times 2.73 \times s + 2.73^2)} \tag{11 - 23}$$

拟配曲线如图 11 - 6 所示,失配度为 10.889。

按式(11 - 17)和式(11 - 20)对横侧向特性进行双拟配,拟配结果见下式:

$$\frac{\phi(s)}{F_a(s)} = \frac{6.23 \times (s^2 + 2 \times 0.62 \times 1.73s + 1.73^2) \times e^{-0.04s}}{(s + 0.01) \times (s + 7.21) \times (s^2 + 2 \times 0.64 \times 1.94s + 1.94^2)} \tag{11 - 24}$$

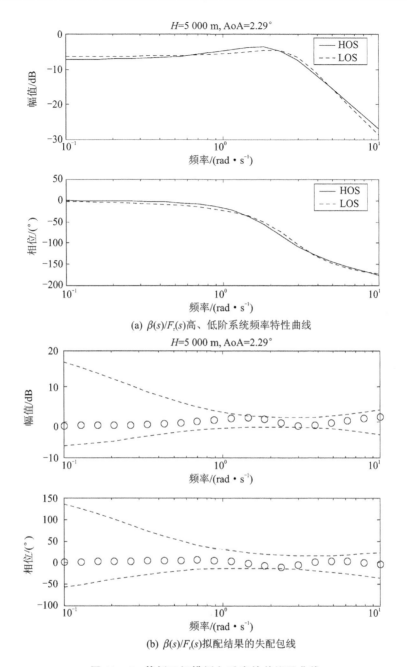

(a) $\beta(s)/F_{\mathrm{r}}(s)$ 高、低阶系统频率特性曲线

(b) $\beta(s)/F_{\mathrm{r}}(s)$ 拟配结果的失配包线

图 11－6　算例飞机横侧向反应的单拟配曲线

$$\frac{\beta(s)}{F_{\mathrm{a}}(s)} = \frac{(-0.02s^3 - 0.41s^2 + 0.19s + 0.04) \times \mathrm{e}^{-0.09s}}{(s+0.01) \times (s+7.21) \times (s^2 + 2 \times 0.64 \times 1.94s + 1.94^2)} \quad (11-25)$$

拟配曲线如图 11－7 所示,失配度为 3.017。

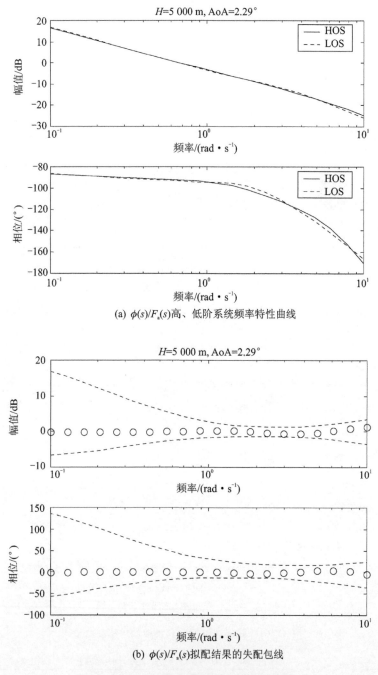

(a) $\phi(s)/F_a(s)$高、低阶系统频率特性曲线

(b) $\phi(s)/F_a(s)$拟配结果的失配包线

图 11-7   算例飞机横侧向反应的双拟配曲线

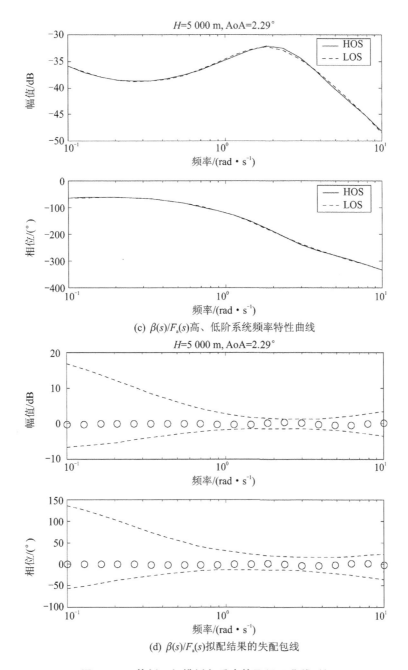

(c) $\beta(s)/F_a(s)$高、低阶系统频率特性曲线

(d) $\beta(s)/F_a(s)$拟配结果的失配包线

图 11 - 7　算例飞机横侧向反应的双拟配曲线(续)

11.5　基于等效时间延迟的飞行品质要求

通过纵向高阶系统的低阶等效拟配,可以得到长周期阻尼比 ξ_p、短周期分子时间常数 T_{ϑ_2}、短周期频率 ω_{sp} 和阻尼比 ξ_{sp} 等参数值,沿用第 10 章介绍的基于飞机本体特性的纵向飞行品质准则要求,进行飞行品质评价。

在低阶等效模型中,采用 $e^{-\tau s}$ 描述高阶系统引起的高频段相位滞后。通常情况下,由于高频特性比飞机长、短周期频率至少高一个数量级,可以被忽略。但高频相位引起的滞后却严重影响飞行品质,不可忽略。在执行精确跟踪任务时,如果飞机系统的等效时间延迟过大,会导致驾驶员诱发振荡,危及飞行安全。对于不同类型的飞机,低阶等效系统时间延迟的飞行品质要求有所不同,表 11-1 给出了不同飞机俯仰角响应等效延迟 τ_ϑ 的飞行品质要求。

表 11-1　俯仰角响应等效延迟的飞行品质要求

等　级	战斗机	大型运输机
1	$\tau_\vartheta < 0.1$ s	$\tau_\vartheta < 0.15$ s
2	$\tau_\vartheta < 0.2$ s	
3	$\tau_\vartheta < 0.25$ s	

以短周期响应为例估算等效时间延迟的飞行品质要求。当控制系统在飞机短周期自然频率处的相位滞后小于 $15°\sim20°$ 时,阻尼器可以得到满意的阻尼。当短周期自然频率 $\omega_{sp}=3$ rad/s 时,等效延迟 $\tau_\vartheta \leqslant \dfrac{15°\sim20°}{\omega_{sp}\times57.3}\approx0.1$ s,即为战斗机俯仰角响应等效延迟的一级飞行品质要求。

图 11-8 所示为在不同控制任务下等效时间延迟对飞行品质的影响,纵坐标表示驾驶员对飞机的 PR 评分,横坐标描述低阶等效延迟。由图可知,飞行任务难度增加,则飞行品质等级降低,飞行品质恶化,例如对于舰载机着舰任务,等效延迟的飞行品质要求就更苛刻。

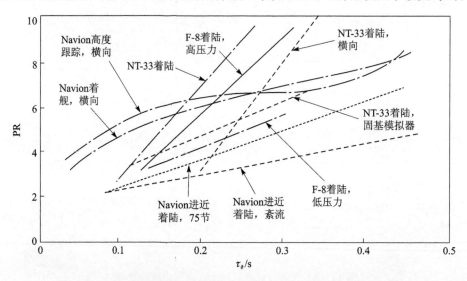

图 11-8　不同控制任务下的等效时间延迟与驾驶员 PR 评分的关系

11.6　等效操纵期望参数的计算

由于短周期低阶等效系统模型在高频范围内一般不够准确,而初始的俯仰角加速度变化历程主要由高频特性决定。操纵期望参数 CAP 定义为升降舵阶跃输入下的初始俯仰角加速

度与过载稳态响应的比值,因此对于低阶等效系统,按有效时间延迟重新定义飞机的操纵期望参数,见下式:

$$\mathrm{CAP}_e = \frac{\ddot{\theta}_{\max, H}}{\ddot{\theta}_{\max, L}} \cdot \left(\frac{\omega_{sp}^2}{n_{ss}/\alpha}\right)_e \qquad (11-26)$$

式中:下标 e 代表等效系统;$\ddot{\theta}_{\max, H}$ 和 $\ddot{\theta}_{\max, L}$ 是单位阶跃杆力输入下计算出的 $\ddot{\theta}_{\max}$,H 和 L 分别代表高阶和低阶系统。

11.7　滚转轴控制的飞行品质要求

　　按 MIL-STD-1797A 飞行品质规范对应的要求建议横航向飞行品质首先用等效系统的方法进行评价,仅当低阶等效失配度较大时才考虑带宽等其他方法(见第 12 章)。对呈现出传统的螺旋模态和荷兰滚模态特性的飞机,等效滚转模态时间常数表示飞机的滚转阻尼。对滚转速率反应不宜用一阶模型近似的飞机,选用诸如频宽这样的规范,可能是合适的。

练 习 题

1. 为什么要对具有自动器的飞机系统进行低阶等效拟配?
2. 如何判断低阶等效拟配的结果是否合理?
3. 低阶等效拟配的模型形式和参数初值如何确定?
4. 对于具有自动器的飞机,如何利用 CAP 进行飞行品质评价?

第 12 章　线性驾驶员诱发振荡评价方法

驾驶员诱发振荡(Pilot-Induced Oscillation, PIO)是一种典型的不良人机耦合现象,对飞机的飞行安全构成威胁。通过分析人机系统动态特性来预测 PIO 是非常重要的。在飞机设计阶段,可以揭示 PIO 的形成机理,预测可能发生不良人机耦合的飞机构型。在试飞验证阶段,可为确定试飞范围和驾驶员控制策略提供依据。

12.1　PIO 的定义及分类

在美国军标 MIL-F-8785C、MIL-STD-1797A 中将驾驶员诱发振荡定义为"由于驾驶员操纵飞机的作用而引起的持续的、不希望或不可控制的振荡"。它是人、控制系统和飞机之间在某种条件下,由驾驶员操纵或干扰激发而产生的一种复杂、不稳定的耦合振荡运动。这种振荡一般发生在驾驶员实施精确控制任务中,例如进场下滑的精确航迹控制、空中加油等任务。

在飞行实践中出现的 PIO 情况,其现象和机理会有不同,因此分析的理论模型和方法也不相同。根据驾驶员模型、飞行动力学及其自动控制分析方法,可将 PIO 分为三类:

① Ⅰ型 PIO:此类 PIO 属于线性的驾驶员-飞机系统振荡,其等效的飞机系统是线性的,驾驶员特性也是拟线性和时不变的。PIO 主要由于闭环系统时延过大、飞机和驾驶员之间相位不协调以及驾驶员操纵增益改变等因素引起。

② Ⅱ型 PIO:此类 PIO 属于准线性的驾驶员-飞机系统振荡,是在上述线性人机系统的基础上,考虑舵面速率和位置限制等非线性影响因素。由于速率饱和或系统突然出现附加的相位滞后而引发"飞行品质悬崖"现象,导致出现 PIO。

③ Ⅲ型 PIO:此类 PIO 属于非线性的驾驶员-飞机系统振荡,此时需要考虑飞机和驾驶员操纵动力学中的非线性变化,例如飞行操纵模式转换、飞机故障等都会导致飞机飞行动力学特性发生突变。当特性间差异很大时,有可能诱发 PIO。

Ⅰ型 PIO 产生的主要原因是系统反应时间延迟引起的过度滞后和飞控系统中多种滤波器存在造成高频相角下降。已建立起来的 Ⅰ型 PIO 准则,如 Neal-Smith 准则、Gibson 准则、Smith-Geddes 准则和带宽准则等,对于几乎所有涉及线性飞机的 PIO 事故,都能有效地预测 Ⅰ型 PIO 的发生。

下面着重介绍常用的 Ⅰ型 PIO 准则。目前 Ⅰ型 PIO 预测准则是参照以往试飞数据和事故分析资料提出的,已被列入飞行品质规范中。但由于 PIO 的复杂性,影响因素很多,即使一些比较成熟的预测准则,也不一定能适用于所有飞行状态和各类机种。为此,在实际预测过程中,往往同时采用多个准则来预测 PIO 的可能性。

12.2　姿态带宽准则

姿态带宽准则，又称 Hoh 准则，通过俯仰角对驾驶员杆力输入的频域响应计算带宽 ω_{BW} 和时延 τ_P 两个特征值，并以此为依据进行 PIO 趋势评估。

飞机在执行补偿跟踪任务时，常利用其响应特性来衡量飞行品质。飞机做这种闭环跟踪而不至于产生不稳定的最大频率，即为带宽 ω_{BW}。本准则中的带宽定义与大多数控制系统文献定义的带宽有所不同，但这里的定义也利用了控制原理中的稳定裕度概念，见图 12-1。

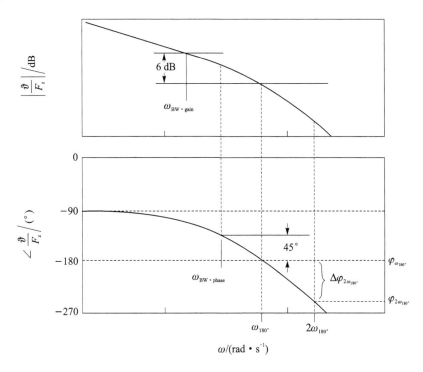

图 12-1　姿态带宽准则的指标参数定义

图 12-1 中，$\omega_{180°}$ 为相位滞后 180° 处对应的频率值，$\omega_{BW \cdot gain}$ 为 $\omega_{180°}$ 处的幅值加上 6 dB 后对应的频率值，$\omega_{BW \cdot phase}$ 为 $\omega_{180°}$ 处的相角减少 45° 后（即相位滞后 135° 处）对应的频率。在此基础上，给出带宽 ω_{BW} 的定义为

$$\omega_{BW} = \min(\omega_{BW \cdot gain}, \omega_{BW \cdot phase}) \tag{12-1}$$

图 12-1 中定义 $\varphi_{\omega_{180°}}$、$\varphi_{2\omega_{180°}}$ 分别为在频率值为 $\omega_{180°}$ 和 2 倍 $\omega_{180°}$ 处对应的相角值，将两者之间的差值记为 $\Delta\varphi_{2\omega_{180°}}$，则相延后 τ_P 的值可由以下两式确定：

对于能够通过拟配得到低阶等效系统的情况，

$$\tau_P = \tau_\vartheta \tag{12-2}$$

对于无法获得低阶等效系统的情况，

$$\tau_P = \frac{\Delta\varphi_{2\omega_{180°}}}{57.3(2\omega_{180°})} \tag{12-3}$$

根据已有的实验数据,考虑时域内的指标——回落时间 t_{db}(定义见 12.4 节),预测 PIO 的姿态带宽准则如图 12 - 2 所示,也可归结如下:

① 在 $1 \leqslant \omega_{BW} \leqslant 6$ rad/s 和 $0 \leqslant \tau_P \leqslant 0.15$ s 范围内,PIO 不敏感(如果 t_{db} 过度,可能出现俯仰振荡)。

② 在 $\omega_{BW} < 1$ rad/s 和 $0 \leqslant \tau_P \leqslant 0.15$ s 范围内,如果 t_{db} 过度,PIO 敏感。

③ 对于 B、C 种飞行阶段,$\tau_P \geqslant 0.15$ s;对于 A 种飞行阶段,$\tau_P \geqslant 0.19$ s,PIO 也敏感。

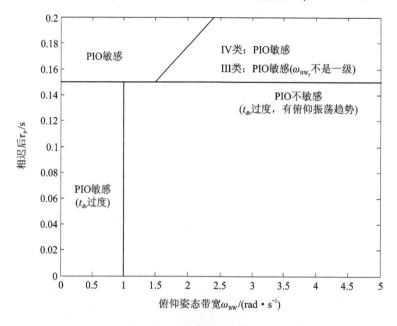

图 12 - 2 姿态带宽准则边界

由图 12 - 2 可以看出,相迟后 τ_P 越大,飞机响应越迟钝,则发生 PIO 的可能性变大;而俯仰姿态带宽 ω_{BW} 越小,驾驶员的操纵难度也就越大,结果同样是发生 PIO 的可能性变大。可见,姿态带宽 ω_{BW} 是保持增益、相位裕度下的开环系统频率。在该频率范围内,驾驶员可进行很好的闭环操纵,而不需要过度的补偿。此时,驾驶员操纵特性可用纯增益模型(同步模型)来表示。

12.3　航迹带宽准则

航迹带宽准则以俯仰带宽、航迹带宽作为评定参数,预测飞机的 PIO 趋势。

俯仰带宽 ω_{BW_ϑ} 的定义及选取方式在姿态带宽准则中已有详细叙述,而另一参数航迹带宽 ω_{BY_γ} 的计算方法与俯仰带宽类似,只是相应的对数曲线为航迹角 γ 对驾驶员杆力的响应曲线。

与俯仰姿态带宽准则类似,通过对被控对象的频域特性进行分析得到需要的参数,在相应的判据图上取点即可得到相应的结果。航迹带宽准则的判据如图 12 - 3 所示。由图可知,随着俯仰带宽 ω_{BW_ϑ} 和航迹带宽 ω_{BW_γ} 的减小,驾驶员的操纵难度增大,负担增加,PIO 发生的可能性变大。

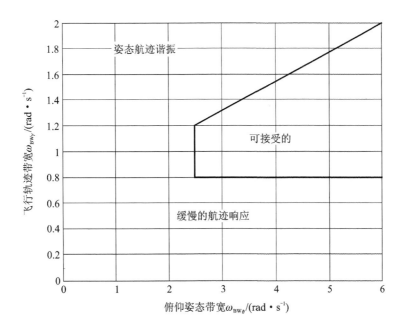

图 12 - 3　航迹带宽准则边界

从仿真的结果来看,上述两种不同的带宽准则虽然选用的指标参数有所不同,但预测的结果基本一致,彼此接近的被控对象也得到了相近的评估结果,这也说明不同的飞行品质准则实际上是从不同的方面考察飞机的品质特性和 PIO 趋势。

用这两个涉及带宽的准则来预测飞机俯仰跟踪和着陆状态的 PIO 敏感性在多数情况下是有效果的,并认为对于战斗机采用输入杆力,而民用机则采用输入杆位移为好。

12.4　Gibson 回落准则

带宽准则和等效系统准则均无法评价过大的相位超前,Gibson 回落准则解决了这个问题。该准则是一个时域响应的评价准则,对于有限时间内的杆力阶跃输入,即矩形输入,取纵向俯仰角响应的回落时间 $t_{db} = \Delta\vartheta_{peak}/q_{ss}$ 和峰值比 q_{peak}/q_{ss} 作为评价指标。

回落时间 t_{db} 定义为操纵停止时,俯仰角超过预期值后再回到预期值所需的时间。若操纵停止时,俯仰角未达到预期值,则回落时间指继续增至预期值所需的时间,用负的回落时间表示。峰值比 q_{peak}/q_{ss} 定义为杆力阶跃输入下的俯仰角速度响应峰值 q_{peak} 与稳态值 q_{ss} 之比。该准则指标参数的定义见图 12 - 4。

依据已有实验数据,预测 PIO 准则边界如图 12 - 5 所示。

图中,A 区代表能够进行精确跟踪且不会发生 PIO;B 区具有 PIO 趋势;C 区具有严重的 PIO 趋势;D 区是指飞机的反应迟缓。

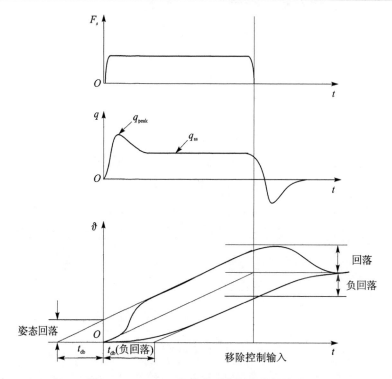

图 12-4 Gibson 回落准则指标参数的定义

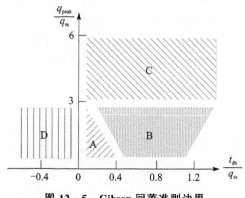

图 12-5 Gibson 回落准则边界

12.5 Gibson 平均相斜率准则

根据飞机姿态角对驾驶员杆力输入的频域响应计算相位为 $-180°$ 处的频率 $\omega_{180°}$ 和平均相斜率 APR (Average Phase Rate) 两个特征值,并以此为依据进行 PIO 趋势评估。

平均相斜率 APR 的定义见图 12-6,其计算公式为

$$\text{APR} = \Delta_{相角} / \omega_{180°} \tag{12-4}$$

其中,$\Delta_{相角}$ 是俯仰姿态频率响应在 $\omega_{180°}$ 和 $2\omega_{180°}$ 处的相角差。平均相斜率与俯仰姿态带宽准则中的 τ_P 有关,参见下式:

$$\tau_P = \text{APR}/720 \tag{12-5}$$

Gibson 平均相斜率准则的判据如图 12-7 所示。

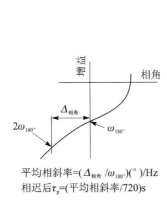

平均相斜率=($\Delta_{相角}$ /$\omega_{180°}$)(°)/Hz
相迟后τ_p=(平均相斜率/720)s

图 12-6　平均相斜率定义及其
与相迟后 τ_P 的关系

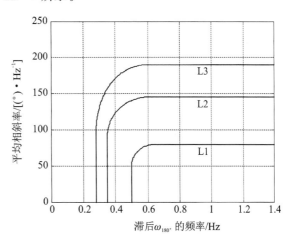

图 12-7　平均相斜率准则边界图

图中,纵坐标为平均相斜率 APR,描述了相频曲线变化的梯度。APR 值大时,若驾驶员增益稍有变大,则可能导致飞机发散,即引发 PIO。而横坐标 $\omega_{180°}$ 值若是太小,则系统不易满足裕度要求,导致发生 PIO 的可能性变大。

实际上,$\omega_{180°}$ 和平均相斜率边界中的二级边界相当于 $\tau_P = 0.20$ s,接近姿态带宽准则中对 A 种飞行阶段 $\tau_P = 0.19$ s 的要求,这反映了不同飞行品质准则内在的一致性,因此将边界作为可能发生 PIO 的分界线。

12.6　Gibson 最大 PIO 频率增益准则

Gibson 最大 PIO 频率增益准则是将俯仰角对驾驶员杆力输入的开环频域响应(图 12-1)画到 Nichols 图(相位-幅值图),并以此为依据,进行 PIO 趋势评估。

Gibson 最大 PIO 频率增益准则的判据如图 12-8 所示。该准则实际上是考虑了飞机动

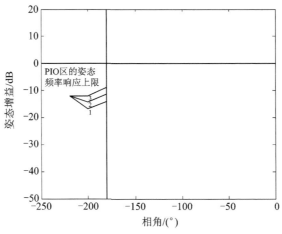

图 12-8　Gibson 最大 PIO 频率增益准则

态特性的增益因素而得到的 PIO 准则的幅值边界。它通过幅相特性曲线开关来限制飞机传递函数的增益。若在相位滞后 −180°处存在过大的增益,那么驾驶员杆力稍微增大就可能引起飞机发散,则 PIO 发生的可能性变大。

值得注意的是,该准则与 Gibson 平均相斜率准则在建立时主要依据中央杆操纵飞机的实验数据。在电传操纵飞机上可以推广应用,但具体数值会不同。

12.7 Smith – Geddes 准则

该准则适用于研究以飞机姿态控制为主的人机系统。根据已有的实验数据,该准则可归纳为由以下条件组成:

① 在开环穿越频率范围内,飞机姿态传递函数幅值曲线的平均斜率 m 可按下式近似确定:

$$m = \frac{1}{n} \sum_{i=1}^{n} \left(10 \lg \left| \frac{\vartheta(i\omega)}{F_z} \right|_{2\omega} - 20 \lg \left| \frac{\vartheta(i\omega)}{F_z} \right|_{\omega} \right), \quad 2\omega \in (1,6) \qquad (12-6)$$

② 开环穿越频率定义为 $\omega_c = 6.0 + 0.24m$。该式与相斜率没有明显关系,只是基于被控对象动力学特性为人机系统提供补偿来估算的。对于不同被控对象幅频特性的人机开环穿越频率见表 12-1。

表 12-1　开环穿越频率与被控对象的关系

Y_C	m	$\omega_c/(\text{rad} \cdot \text{s}^{-1})$
K_C	0	6.0
K_C/s	−6	4.56
K_C/s^2	−12	3.12

③ 在姿态响应相角 $\omega_c = 6.0 + 0.24m$ 范围内。

该准则以 $\angle \vartheta/F_P(j\omega_c)$ 和驾驶员处法向过载的相位角 $\angle n_{zP}/F_P(j\omega_c) - 14.3\omega_c$(单位为(°))作为评定参数,来预测飞机的 PIO 趋势:

① 如果 $\angle \vartheta/F_P(j\omega_c) \geqslant -165°$,则无 PIO 趋势;

② 如果 $\angle \vartheta/F_P(j\omega_c) \leqslant -180°$,则有 PIO 趋势;

③ 如果 $-180° \leqslant \angle \vartheta/F_P(j\omega_c) \leqslant -165°$,且 $\phi(j\omega_c) = \angle n_{zP}/F_P(j\omega_c) - 14.3\omega_c \geqslant -180°$,则无 PIO 趋势;

④ 如果 $-180° \leqslant \angle \vartheta/F_P(j\omega_c) \leqslant -165°$,且 $\phi(j\omega_c) = \angle n_{zP}/F_P(j\omega_c) - 14.3\omega_c \leqslant -180°$,则无 PIO 趋势。

相应的 PIO 判据图见图 12-9。

值得指出的是,这个准则对战斗机 A 阶段的俯仰跟踪任务来说,是一个比较好的 PIO 评估工具,但对 C 阶段任务而言,显得过于保守了。故该准则应当与其他准则配合使用,以求得到更好的预测结果。

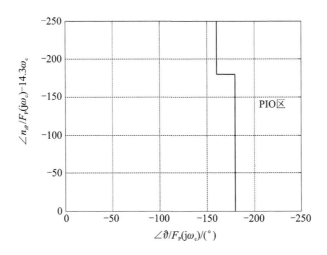

图 12 - 9　Smith - Geddes 准则 PIO 评估图

12.8　R. H. Smith 准则

这是一个使用起来非常简单的准则，如图 12 - 10 所示。该图给出了俯仰速率对驾驶员杆力输入的频域响应的要求。

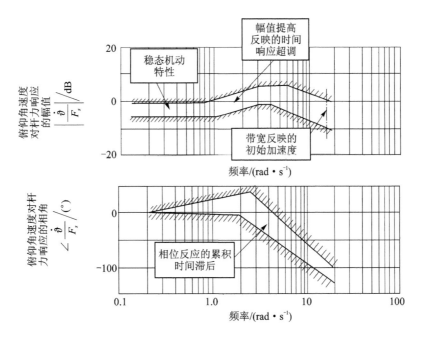

图 12 - 10　俯仰频率特性响应包线

12.9　Neal－Smith 准则

上面一共介绍了 7 个常用的Ⅰ型 PIO 预测准则，它们的共同特点是所用的仿真系统并不涉及驾驶员模型。对比各准则的评价结果可以发现，它们的评价结果有着高度的一致性，可以相互进行验证。就各准则所取的评价参数来看，无外乎带宽、相位延迟、增益以及相频曲线在特定频率（如－180°）处的幅值或梯度。实际上，这些都可以反映出飞机的性能：带宽范围大的飞机发生振荡的概率更低，便于操纵；相位延迟控制在较小的数量范围内可以保证系统响应的快速性；在保证飞机自身稳定的基础上，高增益可以提高系统的准确性；相频梯度和幅值大小的限制则是系统稳定的保证。

鉴于以上讨论，我们可以通过增大飞机带宽、控制相位延迟等方法来提高飞机的飞行品质，这实际上就是在减轻驾驶员的工作负担，也就降低了 PIO 发生的可能性。

结合适当的驾驶员模型，可以用系统理论来探讨人机系统的动力学特性，进而进行飞行品质的评价。下面介绍基于驾驶员模型进行人机系统飞行品质评价的方法。

Neal－Smith 准则是 Neal 和 Smith 在 20 世纪 60 年代后期使用 NT－33A 变稳飞机试验数据得出的。该准则是一个评价飞机俯仰跟踪的闭环准则，可用于评价战斗机的纵向俯仰跟踪特性。

Neal－Smith 准则要求驾驶员在完成跟踪任务时，飞机能快速精确实现机头指向，其动态过程超调量或振荡量小。图 12－11 所示为 Neal－Smith 准则中的人机系统结构。

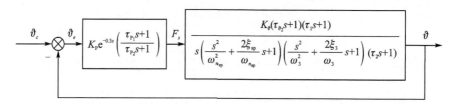

图 12－11　Neal－Smith 准则中的人机系统结构

此时驾驶员模型采用以下 McRuer 模型形式：

$$Y_P(s) = K_P e^{-\tau_P s} \frac{T_L s + 1}{T_I s + 1} \tag{12-7}$$

式中，时间延迟 τ_P 规定取为 0.3 s，驾驶员增益 K_P 和超前、滞后补偿时间常数 T_L、T_I 需要通过优化迭代方法进行调整，使人机闭环频率特性的带宽 ω_{BW} 和幅值下沉量 Δ 满足边界要求，如图 12－12 所示。人机闭环带宽 ω_{BW} 定义为闭环响应特性曲线对应相位等于－90°处的频率，反映系统的快速性。针对不同的飞行任务阶段，人机闭环带宽的要求也不相同，例如，在精确控制任务中闭环带宽会提高。表 12－2 给出了飞行品质规范中规定的闭环带宽要求。人机闭环幅值下沉量 Δ 定义为在带宽范围内闭环幅频特性曲线低于 0 dB 线的最小量，反映系统的跟随性。1 级和 2 级飞行品质要求下沉量不超过－3 dB。

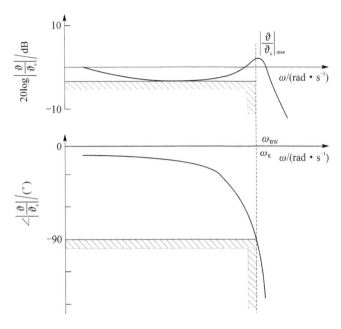

图 12 - 12　Neal - Smith 准则的人机闭环边界要求

表 12 - 2　飞行品质规范对闭环带宽的要求

飞行阶段	A	B	C
闭环带宽 ω_{BW}/(rad·s^{-1})	3.5	1.5	2.5

该 PIO 准则取闭环系统谐振峰值 $\left|\vartheta/\vartheta_{c}\right|_{\max}$ 和驾驶员补偿相位 $\varphi_{P}(\omega_{BW})=\left.\angle\dfrac{T_{L}s+1}{T_{1}s+1}\right|_{s=i\omega_{BW}}$

作为评价指标。根据已有的经验数据,准则要求如图 12 - 13 所示,横坐标表示驾驶员相位补偿,

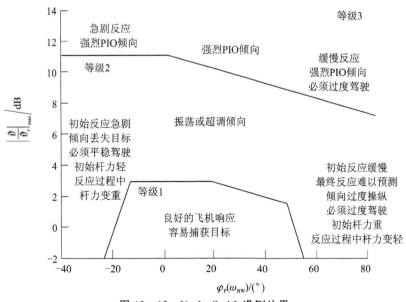

图 12 - 13　Neal - Smith 准则边界

纵坐标代表人机闭环频率特性的峰值。当飞行品质处于 3 级时,可能出现强烈的 PIO;当飞行品质处于 2～3 级之间时,飞机出现 PIO 趋势。

当驾驶员补偿相位增加时,说明驾驶员操纵负担增加,飞行品质变差。当人机闭环峰值增加时,系统会出现振荡趋势,飞行品质也会变差。驾驶员的超前、滞后补偿的程度与飞机特性有关。由 Neal - Smith 准则可知,如果飞机的响应太超前,则需要驾驶员采取滞后补偿。决定飞机超前特性的因素包括飞机的等效短周期频率、俯仰角短周期分子的时间常数以及等效时间延迟。图 12 - 14 给出了不同分子时间常数下的驾驶员补偿相角与飞机等效短周期频率的关系。

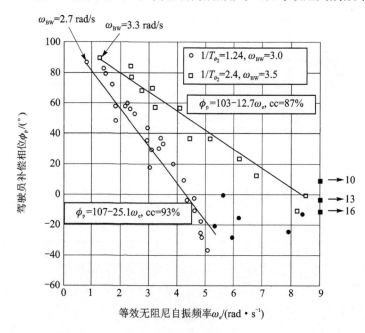

图 12 - 14　不同分子时间常数下的驾驶员补偿相角与飞机等效短周期频率的关系

12.10　俯仰 PIO 相位滞后准则

俯仰 PIO 相位滞后准则是应用 McRuer 模型评价俯仰操纵特性的人机闭环准则。该准则以闭环系统中的俯仰角速度和驾驶员座位处的法向过载对驾驶员杆力输入的频率响应为特征值进行 PIO 趋势评估。人机闭环系统结构如图 12 - 15 所示。

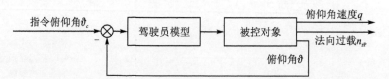

图 12 - 15　俯仰 PIO 相位滞后准则的人机闭环系统模型结构

驾驶员进行闭环俯仰操纵时,如果俯仰回路在频率 ω_R 处做谐振动,驾驶员可能在某一时刻试图控制法向加速度 n_{zP} 来消除或接近消除 ϑ。当法向加速度反应 $n_{zP}(j\omega)/n_{z_e}(j\omega)$(下标 e 是指驾驶员感受的误差)是主观可预测的,则在驾驶员控制带宽范围内的某个谐振频率附近,其大小应超过低限值。当俯仰目标跟踪时,一个大的、突然的操纵输入、错误的瞬态反应或突风产生的俯仰反应,都会出现这种情况。如果没有相位裕度,驾驶员企图以上述频率操纵法向加速度就会引起 PIO,即在谐振频率处,$n_{zP}(j\omega)/n_{z_e}(j\omega)$ 传递函数的相位角比 $-180°$ 负得更多。本准则使用 Neal - Smith 闭环准则中的驾驶员模型。如果满足式(12 - 8)的要求,则 PIO 就不可能发生。如果不满足式(12 - 8)要求,则意味着当驾驶员转换到法向加速度 n_{zP} 操纵时,加速度回路是动态不稳定的,并且 PIO 将开始。

$$\varphi_{n_z - F_p} \mid \omega_R < 180° - 14.3\omega_R \qquad (12 - 8)$$

因而,在 MIL - STD - 1797A 中对 PIO 作了定量的规定:飞机本体加控制系统的俯仰姿态响应不应随俯仰运动的幅值、俯仰速率或法向加速度急剧变化,除非这种急剧变化不会引起驾驶员诱发振荡。在标准频率 ω_R 时,驾驶员处测量的法向加速度相对于驾驶员的俯仰操纵力输入的相位滞后应小于 $180° - 14.3\omega_R$(ω_R 的单位为 rad/s)。但在频率 ω_R 时,在驾驶员座位处测量的法向加速度与俯仰角速度之比应满足下式:

$$\left| \frac{n_{zP}(j\omega)/F_P(j\omega)}{q(j\omega)/F_P(j\omega)} \right|_{\omega_R} \geq 0.012 \text{ s/(°)} \qquad (12 - 9)$$

否则,本要求应当根据订货部门的决定予以取消。

建议的幅值要求可在初步设计(飞机本体和飞行控制系统)过程中作为确定驾驶员感觉敏感性门限值(低于此值 PIO 不大可能发生)的定量指导。要求联合门限具有在跟踪中的最大可接受的均方根俯仰速率和驾驶员自身感受的最小 n_{zP}。应当从飞行模拟器试验中收集更多的数据来确定这个反应比的有效性。MIL - STD - 1797A 建议的数值 0.012 s/(°)与过去的纵向 PIO 情况是相符合的。

频率 ω_R 是在 1~10 rad/s 范围内,从扰动输入或用飞机主动操作方式的驾驶员操纵就能产生飞机俯仰姿态的小阻尼(谐振)振荡的任何频率,即驾驶员-飞机闭环系统俯仰回路的谐振频率。ω_R 取闭环准则中闭环谐振峰值对应的频率见图 12 - 12。

简单来说,本准则就是定量地要求人机闭环系统可以满足式(12 - 8)和式(12 - 9)。式(12 - 8)实际上就是要求为系统保留一定的裕度,可以远离可能发生振荡的频率区间,这是从法向过载的频域特性出发考虑的预防措施。而式(12 - 9)则是为了限制飞机本体加控制系统的俯仰姿态响应的动力学特性,保证即使它会随俯仰运动的幅值、俯仰速率或法向加速度急剧变化也不会引发驾驶员诱发振荡。ω_R 取闭环准则中闭环谐振峰值对应的频率也有相似的目的,即若在系统最大的增益下亦无振荡,则可大大保证系统的稳定性。

本准则的定量限制可有效保证过猛的跟踪特性不导致出现俯仰 PIO 现象。若能够同时满足式(12 - 8)和式(12 - 9),则人机系统无 PIO 现象;否则,有可能发生 PIO。

12.11　Gibson 相位速率准则

本准则应用 McRuer 驾驶员模型,根据图 12 - 12 构建人机系统,通过系统开环特性分析预测 PIO。

所谓相位速率是指在人-机开环系统相位滞后 $\varphi = -180°$(中性稳定点)处相位曲线的斜

率。经验表明,在相位滞后 $\varphi = -180°$(或相位储备 $\varphi_M = 0$)附近相位曲线的变化率与飞机是否会产生 PIO 有密切关系。于是 Gibson 相位速率准则归纳为

$$\left.\frac{\mathrm{d}\varphi}{\mathrm{d}\omega}\right|_{\varphi = -180°} < 16\ (°)/(\mathrm{rad/s})(\text{或 } 100\ (°)/\mathrm{Hz}) \tag{12-10}$$

满足式(12-10)的条件,则无 PIO,否则有 PIO。换句话说,在相位滞后为 $-180°$ 时相位曲线变化的梯度越大,则飞机越容易出现 PIO。这并不难理解,因为当相位曲线变化的梯度非常大时,驾驶员增益稍有增大,则可导致失稳。

实际上,这个准则是 12.5 节中讨论的 Gibson 平均相位速率准则的一种形式,只要令后者的频率区间无限接近相位滞后 180° 处的频率即可得到该准则。该准则已列入欧洲军用飞机操纵品质规范(未公布)中,以保证飞机有良好的闭环精确跟踪特性。

12.12 MAI 准则

MAI 准则是基于 Neal-Smith 准则建立的,区别主要在于:
① 驾驶员相位补偿的确定方法不同;
② 采用的驾驶员模型不同。

图 12-16 所示为 MAI 准则中的人机系统结构,其中驾驶员模型采用最优驾驶员模型形式。由于最优驾驶员模型是在时域内建立的状态方程形式的模型,无法直接通过模型参数获得驾驶员的相位补偿信息,因此需要确定替代方法。

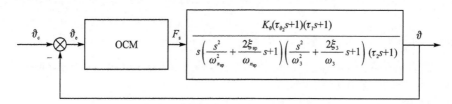

图 12-16 MAI 准则中的人机系统结构

Neal-Smith 准则认为,驾驶员相位补偿角的确定依赖于人机闭环系统的带宽 ω_{BW},在不同的飞行阶段,带宽 ω_{BW} 值固定不变。而实际上,对于处在同一飞行阶段、不同的飞机构型,其带宽也是不同的。MAI 准则提出了另一种确定驾驶员补偿相角 $\Delta\varphi_P$ 的方法。其驾驶员补偿相角值分为超前补偿 $\Delta\varphi_P^+$ 和滞后补偿 $\Delta\varphi_P^-$,分别根据被研究构型的驾驶员操纵相角 φ_P 与最优构型的驾驶员操纵相角 φ_P^{opt} 的差值曲线 $\Delta\varphi_P = \varphi_P - \varphi_P^{opt}$ 在穿越频率附近的正的最大值(超前补偿)和负的最小值(滞后补偿)确定。最优构型是指驾驶员操纵行为最简单的飞机构型,其相频特性 φ_P^{opt} 可近似为 $-57.3\tau\omega$,其中 $\tau = 0.18$ s。

图 12-17 给出了 MAI 准则的边界,与 Neal-Smith 准则类似,俯仰角操纵控制任务下的一级和二级飞行品质边界(见图 12-17 中虚线)分别由以下两个参数确定:人机系统闭环幅频特性曲线的峰值 $|\vartheta/\vartheta_c|_{max}$ 和驾驶员对于被研究飞机构型所做的操纵补偿相角 $\Delta\varphi_P$。

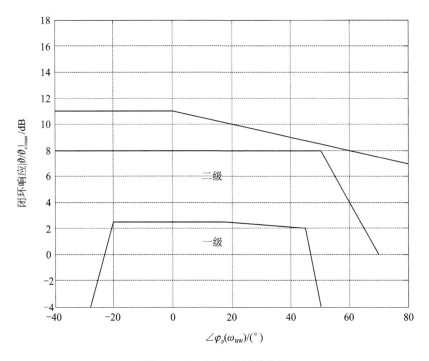

图 12 - 17　MAI 准则的边界

12.13　Hess 时域准则

该准则是 Hess R. A. 在 1987 年基于结构驾驶员模型提出的,用于预测飞机飞行品质和 PIO。

图 12 - 18 所示为由 Hess 结构驾驶员模型和飞机被控对象构成的人机闭环系统。图中飞机被控对象 Y_c 可以是纵向或者横侧向模型,这由所研究的问题确定。结构驾驶员固定参数和自适应参数的取值见表 12 - 3 和表 12 - 4,由于在评价指标中已经包含了误差均方值 σ_e^2 的影响,因此 K_e 取为 1.0。

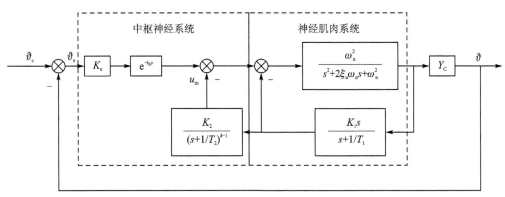

图 12 - 18　由结构驾驶员模型和飞机被控对象构成的人机闭环系统结构

表 12 - 3　结构驾驶员模型固定参数取值

K_e	τ_0/s	K_1	ξ_n	$\omega_n/(\text{rad} \cdot \text{s}^{-1})$
1.0	0.15	1.0	0.707	10

表 12 - 4　结构驾驶员模型自适应参数取值

k	K_2	T_2	T_1
0(lag)	2.0	5.0	
1(gain)	2.0	—	由 $Y_P Y_C = \dfrac{1}{s}$ 确定
2(lead)	10.0	2.5	

在 6.5 节中已经介绍了应用结构驾驶员模型内反馈信号 u_m 衡量驾驶员完成任务的难易程度的相关研究。研究结果表明,驾驶员的评分与 u_m 的均方值相关,见图 12 - 19。

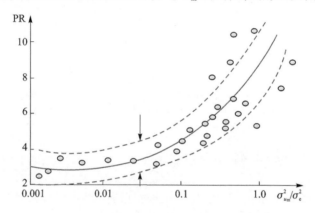

图 12 - 19　基于结构驾驶员模型的工作负荷

由图 12 - 19 可以构建 PR 评分计算函数

$$\text{PR} = f\left[\sigma_{u_m}^2 / \sigma_e^2\right] \tag{12-11}$$

该评价尺度能用于评价单轴或多轴任务,用于多轴任务时

$$\text{PR} = f\left[\sum_{i=1}^{n} \sigma_{u_m}^2 / \sigma_e^2\right] \tag{12-12}$$

12.14　同一理论

同一理论是一种基于驾驶员结构模型对闭环人机系统进行飞行品质及 PIO 预测的一种理论方法,既适用于线性人机系统,也适用于非线性人机系统。参考 6.4 节结构驾驶员模型构建人机闭环系统如图 12 - 20 所示,讨论人机耦合特性。

在实际飞行过程中,驾驶员常以本体感受反馈信号 u_m 的值作为衡量任务的难易度量。不同的输入量 c 会影响 u_m 的值,故 Hess 取 $Q_{\text{HQSF}} = \left|\dfrac{u_m}{c}(j\omega)\right|$ 作为评价指标,称为飞行品质敏感函数(Handling qualities sensitivity function,HQSF)。

在计算 Q_{HQSF} 时略去了控制灵敏度的影响,这意味着模型结果与控制系统和人感系统的

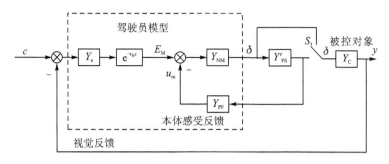

图 12 - 20　基于结构驾驶员模型构建人机闭环系统模型结构

灵敏度无关,去除控制灵敏度的影响后,飞行品质敏感函数可表示为

$$Q_{\text{HQSF}} = \left| \frac{u_{\text{m}}}{c}(\text{j}\omega) \right| \cdot \left| \frac{1}{Y_{\text{e}}} \right| = |G(\text{j}\omega)| \cdot \left| \frac{1}{Y_{\text{e}}} \right| \qquad (12-13)$$

式中:Y_{e} 为驾驶员增益;G 为输入到本体感受反馈信号之间的传递函数,可表示为

$$G = \frac{Y_{\text{FS}} Y_{\text{PF}} Y_{\text{e}} Y_{\text{NM}} \text{e}^{-\tau_0 s}}{1 + Y_{\text{C}} Y_{\text{e}} Y_{\text{NM}} \text{e}^{-\tau_0 s} + Y_{\text{FS}} Y_{\text{PF}} Y_{\text{NM}}} \qquad (12-14)$$

从公式可以看出,飞行品质敏感函数的实质就是高阶的线性方程,其值的大小会随着反馈系数的变化而变化。按照同一理论,针对同一被控对象,每个不同反馈系数的值都会有相应的驾驶员模型参数(主要为驾驶员增益 Y_{e} 和本体感受 Y_{PF}),这些参数以及传递函数的线性性质决定了飞行品质敏感函数随反馈系数变化的规律。

根据随机理论可知,Q_{HQSF} 的等价形式为

$$Q_{\text{HQSF}} = \sqrt{\frac{S_{u_{\text{m}} u_{\text{m}}}(\omega)}{S_{cc}(\omega)}} \cdot \left| \frac{1}{Y_{\text{e}}} \right| \qquad (12-15)$$

式中,$S_{u_{\text{m}} u_{\text{m}}}(\omega)$ 和 $S_{cc}(\omega)$ 分别是 $u_{\text{m}}(t)$ 和 $c(t)$ 的功率谱密度。系统输入是白噪声信号经过 G_{C} 滤波的有色噪声,经过滤波后有色噪声的输入功率谱密度如下:

$$G_{\text{C}}(\text{j}\omega) = 4/(s^2 + 2.82s + 2^2) \qquad (12-16)$$

$$S_{cc} = 4^2/(\omega^4 + 4^2) \qquad (12-17)$$

式中的自频谱计算可用傅里叶变换来处理,即

$$Q_{\text{HQSF}} = \frac{\left| \int_0^T u_{\text{m}}(t) \text{e}^{-\text{j}\omega t} \, \text{d}t \right|_{\omega = \omega_i}}{\left| \int_0^T c(t) \text{e}^{-\text{j}\omega t} \, \text{d}t \right|_{\omega = \omega_i}} \left| \frac{1}{Y_{\text{e}}} \right|, \quad i = 1, 2, 3, \cdots, n \qquad (12-18)$$

Hess 按照 Cooper - Harper 驾驶员评分标准将 Q_{HQSF} 分成三个等级,三个等级与评分的对应关系如表 12 - 5 所列。

表 12 - 5　Q_{HQSF} 等级与 Cooper - Harper 评分关系表

Q_{HQSF} 飞行品质等级	Cooper - Harper 评分
一级	1~3.5
二级	3.5~6.5
三级	6.5~10

飞行品质敏感函数的分布曲线只要超越了等级边界线,如图 12 - 21 所示,品质评价等级即为曲线所在的最高等级。

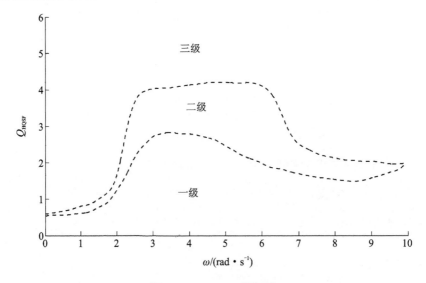

图 12 - 21　Q_{HQSF} 等级图

对于线性系统而言,Hess 通过飞行试验和模拟证明了驾驶员诱发振荡评价(PIOR)与本体感受反馈信号值 u_m 的功率谱有关。按 PIOR 等级可将其分成 3 级,即:$1 \leqslant PIOR \leqslant 2$;$2 < PIOR < 4$;$4 \leqslant PIOR$。当进入 $4 \leqslant PIOR$ 时,人机系统将进入潜在 PIO 状态。

输入频谱的均方根值会对人机系统产生较大的影响,对 u_m 的功率谱进行标准化处理如下:

$$S_{u_m u_m} = \frac{4^2}{\omega^4 + 4^2} Q_{HQSF}^2 \tag{12 - 19}$$

图 12 - 22 所示为同一理论对驾驶员诱发振荡的评价等级边界。

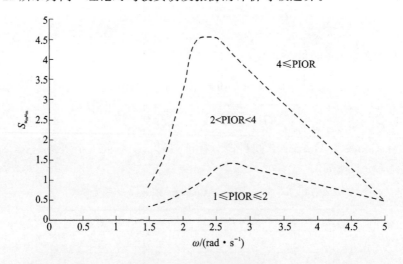

图 12 - 22　PIOR 等级图

练习题

1. 什么是 PIO？PIO 可以分为哪几类，各有什么特点？

2. 姿态带宽准则采用哪两个特征参数进行 PIO 预测？它们分别与 PIO 的产生有什么关联？

3. 解释 Gibson 回落准则中回落时间的含义。如何确定该参数？

4. 解释 Neal－Smith 准则的含义。如何应用该准则进行飞行品质评价？

5. 与 Neal－Smith 准则相比，MAI 准则有什么不同？

6. 简述飞行品质敏感参数的定义。

第 13 章　非线性人机耦合问题

高增益电传操纵系统的应用,使得驾驶员诱发振荡(PIO)出现了新的特征。一方面,随着电传技术的发展,侧杆正在逐步取代传统的中央机械杆。侧杆具有行程小、杆力轻的特点,驾驶员在操纵过程中更容易触发舵面速率限制,从而诱发Ⅱ型PIO。另一方面,现代飞机广泛采用多模式控制,模式切换带来的飞机系统特性突变容易引发Ⅲ型PIO。除此之外,飞机系统故障也会带来类似的问题。

Ⅱ型PIO和Ⅲ型PIO属于非线性人机耦合。目前,对于Ⅱ型PIO的预测方法已经有了一些研究成果。针对Ⅱ型PIO的抑制问题,也提出了多种抑制器设计方法。而Ⅲ型PIO问题正在成为当前的研究热点。本章将介绍有关上述两类PIO的国内、外主要研究进展,供读者参考。

13.1　拟线性驾驶员诱发振荡

拟线性驾驶员诱发振荡,又称Ⅱ型PIO,是指主要由舵面速率限制、位移限制引起的人机耦合振荡。由于速率和位移限制均属于静态非线性环节,因此可以将其视为拟线性系统问题,采用描述函数进行研究。由舵面速率限制引起的Ⅱ型PIO在试验飞机、军用战斗机、军用运输机及商用大型运输机上不断出现。航空界通过对 YF-22A、C-17A、Boeing777 和 JAS-39Gripen 的飞行事故展开研究发现,在 PIO 中均出现了舵面速率限制。Ⅱ型 PIO 是高增益电传操纵飞机容易出现的问题。

13.1.1　Ⅱ型 PIO 的现象与机理

Ⅱ型 PIO 主要是由舵面速率限制引起的。而舵面速率受限是舵机的输入速率超过舵机的液压和机械的实际能力导致的。飞机的舵面(升降舵、副翼、方向舵等)大多是由液压激励器来控制的。基于成本和体积的考虑,液压泵的尺寸不可能做得很大,在受到指令驱动后产生的加速度、速度及位移是受限的。从构造上讲,现代飞机飞控系统的增益较高,舵面的面积较小。在这种情况下,就要求液压泵尽可能快地对指令作出响应。这种系统对执行机构的高要求与执行机构的低能力之间存在矛盾。当驾驶员输入指令超过液压泵的实际能力时,舵面速率限制就会发生。

1. 速率限制的数学描述

图 13-1 所示为包含速率限制环节的一阶舵机模型,其中 u 代表舵机指令输入信号,x_3 代表实际的舵面偏转角,而 x_1 和 x_2 分别代表舵面偏转速率的指令和实际值。如果没有速率限制,舵机模型近似为惯性环节。

图 13-1 中速率限制环节的数学表述如图 13-2 和式(13-1)所示,其中 a 代表速率限制值。

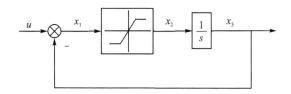

图 13-1　包含速率限制环节的一阶舵机模型

$$x_2 = \begin{cases} a, & x_1 > a \\ x_1, & |x_1| \leqslant a \\ -a, & x_1 < -a \end{cases} \quad (13-1)$$

图 13-2 描述的速率限制环节包括以下 3 个典型的工作范围:

① 线性范围:当 $|x_1| \leqslant a$ 时,模型是线性一阶惯性环节,其闭环响应完全取决于惯性环节的时间常数。

② 近饱和范围:当 $|x_1|$ 稍超过 a 时就进入近饱和范围。这个范围以准线性响应为特征,仅仅有间断的速率限制。该工作范围驾驶员难以察觉。

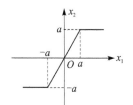

图 13-2　速率限制环节的数学表述

③ 高饱和范围:当速率限制环节高度饱和时,呈现的是正弦输入/三角输出的近似描述函数模型,此时频率和时间响应都与幅值相关。在此范围内驾驶员有时会误认为是发生了机械故障。

由于速率限制环节是静态非线性的,因此可以采用描述函数方法进行分析。描述函数取决于输入信号的幅值和频率,当输入为正弦信号 $u = C\sin \omega t$ 时,拟线性系统描述函数 Y_N 由下式给出:

$$Y_N(C,\omega) = \frac{b_1 + \mathrm{i}a_1}{C} = \frac{C_1 \mathrm{e}^{\mathrm{i}\varphi}}{C} \quad (13-2)$$

式中:C 和 ω 分别代表正弦输入的幅值和频率;C_1 和 φ 是描述函数 Y_N 的输出幅值和相位;傅里叶系数 a_1 和 b_1 可以通过以下数值积分计算得出:

$$\begin{cases} a_1 = \dfrac{\omega}{\pi} \displaystyle\int_0^{\frac{2\pi}{\omega}} y(t)\cos \omega t\, \mathrm{d}t \\ b_1 = \dfrac{\omega}{\pi} \displaystyle\int_0^{\frac{2\pi}{\omega}} y(t)\sin \omega t\, \mathrm{d}t \end{cases} \quad (13-3)$$

2. 速率限制对舵机的影响

为了研究速率限制对舵机的影响效果,下面仿真计算图 13-1 所示的速率限制环节在正弦输入下的响应。选取速率限制值 $a=1$,正弦输入 $u = C\sin \omega t$。如果保持输入信号的频率 ω

不变,那么幅值 C 越大就越容易达到速率限制;如果保持输入信号的幅值 C 不变,那么频率 ω 越大也越容易达到速率限制。时域仿真结果如图 13-3 所示,其中虚线表示输入信号,实线表示从速率限制环节输出的信号。

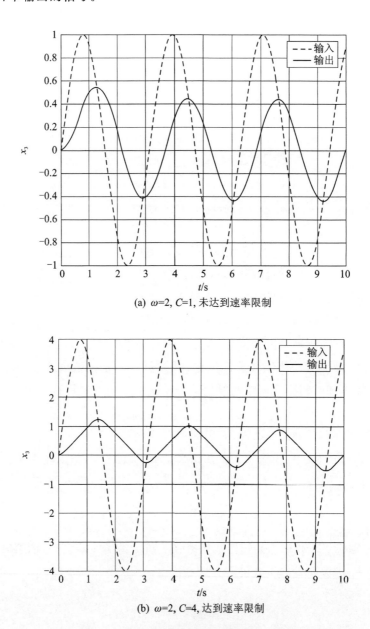

(a) $\omega=2$, $C=1$, 未达到速率限制

(b) $\omega=2$, $C=4$, 达到速率限制

图 13-3　速率限制器的输入与输出仿真曲线

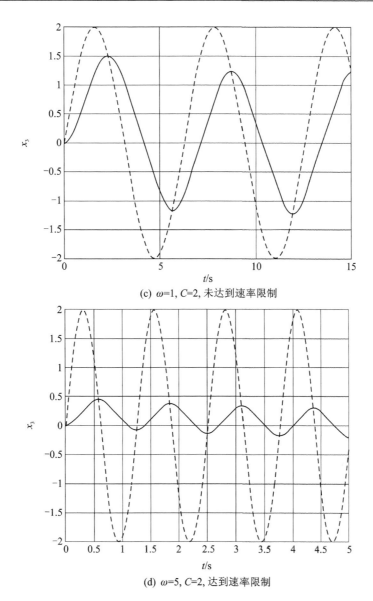

(c) $\omega=1$, $C=2$, 未达到速率限制

(d) $\omega=5$, $C=2$, 达到速率限制

图 13 - 3　速率限制器的输入与输出仿真曲线（续）

分析图 13 - 3 的仿真结果可知,当发生速率限制时,系统特性会发生以下变化:

① 速率限制增加了系统的相位滞后,增加了舵面输入和响应之间的延迟。舵面速率限制可能导致闭环系统不稳定,由此诱导驾驶员对飞机的延迟反应试图进行相位补偿,从而产生过操纵,使本来就不好的情况更加恶化。

② 速率限制降低了舵面输入的增益幅值。由于飞机的响应不能达到驾驶员所期待的响应,诱导驾驶员加大操纵幅值,这也使本来已恶化的情况更加严重,导致 PIO 的发生。

3. 舵面速率限制对人机闭环特性的影响

建立包含舵面速率限制器的人机闭环系统模型,如图 13 - 4 所示,其中舵机采用二阶系统形式。

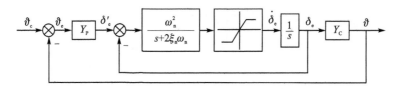

图 13-4　考虑舵面速率限制的人机系统模型结构

选取阶跃信号作为俯仰角跟踪指令,通过驾驶员在环仿真实验研究舵面速率限制对人机闭环系统特性的影响。阶跃跟踪任务是一种典型的跟踪任务,指令突变可激发舵面速率饱和的发生。仿真结果如图 13-5 所示,图中虚线表示阶跃输入信号,实线表示飞机的俯仰角输出。由图可知,飞机出现了持续的俯仰振荡,操作时明显感觉到响应与操纵的滞后。

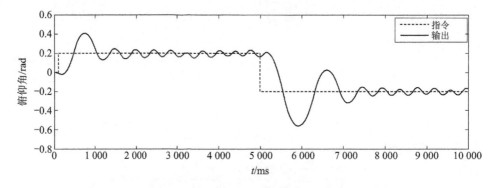

图 13-5　考虑舵面速率限制的纵向俯仰角阶跃跟踪实验结果

为了检验经过舵机的信号是否达到饱和,需要对比舵机的输入和输出信号。图 13-6 所示为舵面的输入信号与经过速率限制环节后舵面的输出信号,其中虚线表示输入信号,实线表示输出信号。

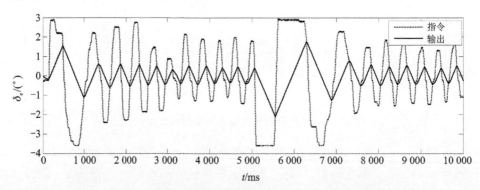

图 13-6　纵向俯仰角阶跃跟踪实验中的舵机输入与输出信号对比

从这组曲线中可以明显观察到,输出信号呈现锯齿状,这说明舵面偏转速率已达到饱和状态。

选取不同频率下正弦信号的组合作为俯仰角跟踪指令,通过驾驶员在环仿真实验研究舵面速率限制对人机系统特性的影响。正弦跟踪任务的主要目的是观察相位滞后。该任务跟踪指令由式 $c=-0.1\sin(0.2t)+0.1\sin(0.5t)+0.1\sin(0.9t)$ 产生,仿真结果如图 13-7 所示,图中虚线代表被跟踪的谐波信号,实线代表输出俯仰角。由图可知,飞机出现了持续振荡和明显的相位滞后,未能较好地跟踪输入信号。

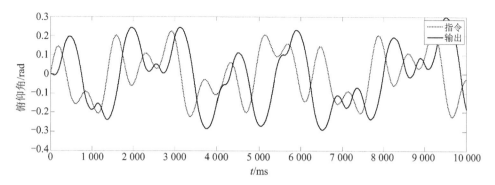

图 13 - 7　考虑舵面速率限制的纵向俯仰角谐波跟踪实验结果

为了检验输入舵机的信号是否达到饱和,将指令信号通过舵机前后的信号进行对比,结果如图 13 - 8 所示,其中虚线表示输入,实线表示输出。

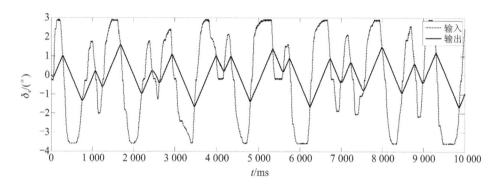

图 13 - 8　纵向俯仰角谐波跟踪实验中的舵机输入与输出信号对比

从这组曲线中,可以明显观察到经过速率限制环节后速率达到饱和。

分析图 13 - 5～图 13 - 8 可知,当速率限制出现时,舵机的输入和输出之间就产生了时间延迟,舵机的动态特性从这一时刻开始发生重大变化。在正弦波输入下,输出非常接近于三角波,使得舵面速率大多数时间处于最大状态。此时输出幅值大大降低,相位显著滞后。这种情况会误导驾驶员本能地加大操纵量,驾驶员甚至误以为发生了某种机械故障。

最明显的例子是 YF-22 的 PIO 事故。1992 年 4 月 25 日,美国的 YF-22 飞机在试飞时发生了严重的着陆事故。当时飞机在进行着陆复飞,在低高度下打开了加力燃烧室。起落架收起后,飞机立即出现了明显高于预期的操纵杆增益,引起飞机的俯仰姿态发生强烈振荡。正如在 PIO 事故中常见的那样,驾驶员当时并没有意识到飞机已经处于 PIO 中,而是认为振荡是由某种系统故障引起的。图 13 - 9 所示为 YF-22 驾驶员操纵杆指令和升降舵面偏转的事故时间历程。虽然 PIO 的原始触发因素是模式切换,但实际上 PIO 发展为由于舵面速率限制引起的 II 型 PIO,这从升降舵随时间变化曲线呈现锯齿形状可以看出。

YF-22 飞机的速率限制导致的相位滞后从 120°一直发展到 234°,飞机不能做出驾驶员所期待的响应,加之这一动态特性的发生非常突然,驾驶员不能足够快地适应这种剧烈变化,

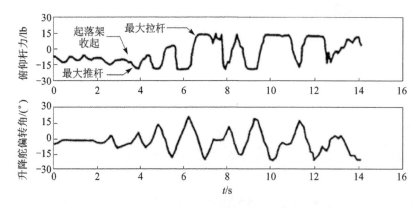

图 13 - 9　YF - 22 PIO 事故时间历程

其本能的反应就是加大操纵量来加大增益,从而导致了高增益的闭环控制,引起不期望的人机闭环耦合,诱发 PIO 问题。

13.1.2　Ⅱ 型 PIO 的预测

针对 Ⅱ 型 PIO 预测问题,Holger Duda 于 1995 年提出了一种 OLOP 准则。OLOP 准则基于描述函数法,通过其定义的人机系统开环发生点(Open-Loop Onset-Point,OLOP)在 Nichols 图上的位置判断飞机构型的 PIO 敏感性。

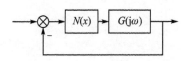

图 13 - 10　非线性系统典型结构

包含舵机执行机构的人机系统具有非线性特性。为了利用描述函数分析舵面速率限制对人机耦合特性的影响,将整个人机系统分成线性环节 $G(j\omega)$ 和非线性环节 $N(x)$ 两部分,如图 13 - 10 所示。

根据 Nyquist 判据,如果闭环系统处于临界稳定的等幅振荡状态,则其开环幅相特性曲线应穿过 $(-1, j0)$ 点,即在这一点上开环幅相特性为 -1。仿此条件,非线性系统具有等幅振荡周期运动的条件为

$$N(x)G(j\omega) = -1 \qquad (13-4)$$

即

$$G(j\omega) = -\frac{1}{N(x)} \qquad (13-5)$$

式(13-5)中的 $-\dfrac{1}{N(x)}$ 被称为非线性环节的负倒描述函数。

在非线性系统中,如果存在 (x, ω),满足式(13-5)的要求,则系统处于等幅振荡,即极限环振荡。从飞行实践情况来看,这种振荡属于 Ⅱ 型 PIO。在进行系统分析时,这组参数 (x, ω) 用图解法很容易确定,只要将线性部分 $G(j\omega)$ 的幅相特性曲线和负倒描述函数 $-\dfrac{1}{N(x)}$ 的幅相特性曲线画在同一个复平面上,两曲线的交点即为极限环发生点,从而可得出极限环频率的大小。

在 Nichols 图上绘制人机系统的开环频率特性,包括不考虑速率限制环节的线性频率响应特性曲线和考虑速率限制的描述函数曲线,如图 13 - 11 所示。

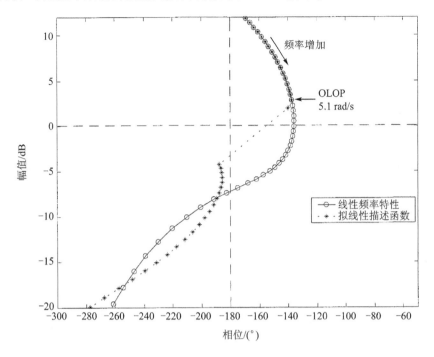

图 13 - 11　线性频率特性与描述函数

在人机闭环系统中首次出现舵面速率限制的频率定义为闭环发生频率 $\hat{\omega}_{\text{onset}}$,在该频率处人机系统的开环频率响应特性称为开环发生点(OLOP)。由图 13 - 11 可知,在开环发生点处描述函数发生跳变,相位跳跃常导致相位和幅值裕度损失,反映了闭环系统潜在的不稳定性。OLOP 准则通过判断开环发生点在 Nichols 图上的位置,即出现严重相位跳跃现象的起始点位置,在频域内对 Ⅱ 型 PIO 的发生进行预测。

在图 13 - 12 所示的人机闭环系统中,当输入信号 ϑ_c 的幅值一定时,随输入频率的增加,速率限制开始出现,此时的输入频率即为闭环发生频率 $\hat{\omega}_{\text{onset}}$。

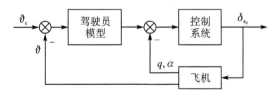

图 13 - 12　俯仰跟踪任务中的人机闭环系统

在闭环发生频率 $\hat{\omega}_{\text{onset}}$ 处,舵机输入的速率等于速率限制值,因此 $\hat{\omega}_{\text{onset}}$ 可由下式:

$$\hat{\omega}_{\text{onset}} = \frac{V_L}{|\delta_{e_c}|} \tag{13 - 6}$$

式中: V_L 代表舵机速率限制值的大小; $|\delta_{e_c}|$ 代表速率限制环节输入信号的大小。δ_{e_c} 与人机闭环系统输入信号 ϑ_c 有关,即 $\delta_{e_c} = \vartheta_c \cdot F_{\vartheta_c}^{\delta_{e_c}}(j\hat{\omega}_{\text{onset}})$,其中 $F_{\vartheta_c}^{\delta_{e_c}}(j\hat{\omega}_{\text{onset}})$ 是从人机闭环系统输入

ϑ_c 到速率限制环节输入 δ_{e_c} 之间的线性闭环系统频率响应。

将式(13-6)改写成下式的形式：

$$\left| \vartheta_c \cdot F^{\delta_{e_c}}_{\vartheta_c}(j\hat{\omega}_{onset}) \right| = \frac{V_L}{\hat{\omega}_{onset}} \tag{13-7}$$

通过求 $F^{\delta_{e_c}}_{\vartheta_c}(j\hat{\omega}_{onset})$ 的幅频曲线与斜率为 $-20\ \text{dB}/$十倍频程、在 $V_L/|\vartheta_c|$ 处穿过 0 dB 线的直线的交点来确定闭环发生频率 $\hat{\omega}_{onset}$。

在 OLOP 准则中，开环发生点定义为闭环发生频率 $\hat{\omega}_{onset}$ 处的开环系统频率响应特性。开环频率响应是指系统去掉速率限制环节后的开环系统，原来的速率限制环节的输出 δ_e 是开环系统的输入，原速率限制所限制环节的输入 δ_{e_c} 是开环系统的输出，如图 13-13 所示。

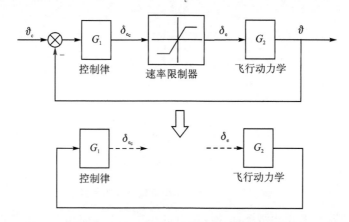

图 13-13 由闭环系统转化至开环系统

OLOP 准则边界如图 13-14 所示，即 Nyquist 图上的 OLOP 边界。根据人机闭环发生频率 $\hat{\omega}_{onset}$ 处的开环幅值和相位可以预测 PIO。

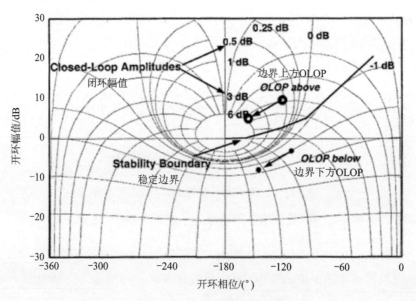

图 13-14 OLOP 准则边界

13.1.3　Ⅱ 型 PIO 的抑制

对于Ⅱ型 PIO 的抑制,有两条基本的技术途径:一是提高舵机速率,但该方法受舵机尺寸和质量的限制;二是抑制器技术,基本思想就是增加一个控制器环节来补偿速率受限引起的相位滞后或降低驾驶员的有效操纵幅值。

目前,研究较多的相位补偿器主要有微分-限幅-积分 DLI(Differentiate Limit Integrate)抑制器、基于连续信号法设计的前馈结构 DASA(Dead Area Stability Augmentation)补偿器和反馈结构 RLF(Rate Limit Feedback)抑制器等。本小节将介绍上述几种典型的速率限制抑制器。如图 13-15 所示,将这些抑制器加入人机闭环系统中,基于该模型仿真计算系统响应。结果表明,这类速率限制抑制器对阶跃、正弦两种输入信号诱发的Ⅱ型 PIO 均有较好的抑制效果,有利于改善人机系统的飞行品质。

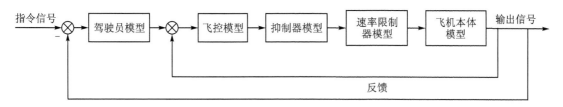

图 13-15　带抑制器的人机闭环系统结构图

1. DLI 抑制器

微分-限幅-积分(DLI)抑制器是一种典型的 PIO 软件速率限制抑制器,它将限制器放置在指令信号和舵面的输入信号之间,如图 13-16 所示。

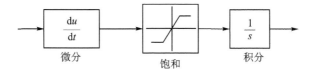

图 13-16　DLI 抑制器模型

当输入信号取为正弦 $u = C\sin\omega t$ 时,图 13-17 所示为 $C=2,\omega=2$ 时的 DLI 抑制器的输入与输出曲线。图中虚线表示输入信号,实线表示从抑制器输出的信号。对比上述两个信号可以看出,DLI 抑制器的作用是减小输入信号的幅值。

由式(13-7)可知,闭环发生频率与人机系统输入信号的大小有关。图 13-18 绘制出人机闭环发生频率 $\hat{\omega}_{\text{onset}}$ 与正弦输入幅值 C 关系的散点图。如果将这一系列散点连接起来,会划分出两部分,曲线上方是达到速率限制的区域,下方即为未达到速率限制的区域。由图 13-18 可知,在速率限制器前加入 DLI 抑制器后,未达到速率限制的区域会扩大,尤其是 $\hat{\omega}_{\text{onset}}$ 在 $1\sim3$ rad/s 范围内,不发生速率限制的区域扩大得更加明显。

2. DASA 抑制器

图 13-19 所示为基于连续信号法设计的前馈结构 DASA 速率抑制器结构。当未达到速率限制时,该系统允许信号无衰减地通过;当达到速率限制值时,输入信号的幅值将被衰减,同

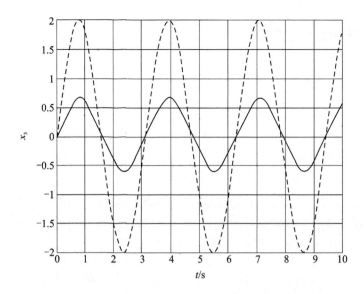

图 13 - 17 $C = 2, \omega = 2$ 时 DLI 抑制器的输入与输出

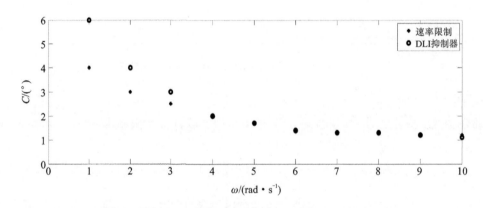

图 13 - 18   未加抑制器与加 DLI 抑制器 C - ω 散点图

时速率将被降低。补偿网络中死区环节的间隔等于速率限制器上下限之间的间隔。超前滤波器一般取为 $\dfrac{s}{0.05s+1}$,滞后滤波器一般取为 $\dfrac{s}{s+1}$。前滤波器近似一个微分器,当指令超过速率限制值时,超前滤波器死区的输出非零,这将导致本来从滞后滤波器向 y 输出的信号向 u 反馈。

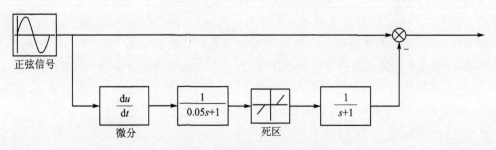

图 13 - 19   DASA 抑制器模型

当输入信号取为正弦 $u = C\sin\omega t$ 时,图 13 - 20 给出了 $C = 8,\omega = 4$ 时 DASA 抑制器的输入和输出曲线。图中虚线表示输入信号,实线表示从抑制器输出的信号。对比上述两个信号可以看出,DASA 抑制器的作用是减小输入信号的幅值,降低速率,同时相位会发生滞后。

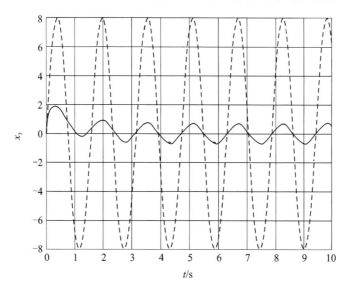

图 13 - 20　$C = 8,\omega = 4$ 时 DASA 抑制器的输入和输出

将 DASA 抑制器加到速率限制环节之前,得到人机闭环发生频率 $\hat{\omega}_{onset}$ 与正弦输入幅值 C 关系的散点图。由图 13 - 21 可见,DASA 抑制器明显扩大了未达到速率限制的区域,在较为容易发生振荡的区域,即 $\hat{\omega}_{onset}$ 在 3~5 rad/s 范围内,改善最为明显。

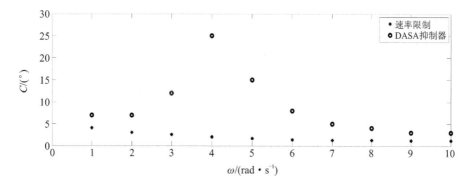

图 13 - 21　未加抑制器与加 DASA 抑制器 C - ω 散点图

3. RLF 抑制器

速率限制反馈(RLF)抑制系统是一种常见的 PIO 抑制器。RLF 速率限制补偿器系统结构如图 13 - 22 所示,该系统由一个速率限制反馈和一个用于补偿相位滞后的超前网络构成。该系统通过反馈输出信号 y 及获取误差信号 e 的方式实现相位补偿。该误差信号 e 反馈给相位超前网络 $G(s)$。算例中,$G(s)$ 取为 $\dfrac{(s+2.5)(s+2.5)}{(s+6)(s+6)}$。

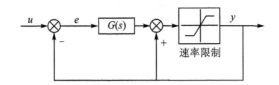

图 13 - 22 RLF 抑制器模型

当输入信号取为正弦 $u = C\sin \omega t$ 时,图 13 - 23 给出了 $C = 2, \omega = 1$ 时 RLF 抑制器的输入和输出曲线。图中虚线表示输入信号,实线表示从抑制器输出的信号。很明显,RLF 抑制器产生的作用主要是减小了信号的幅值。

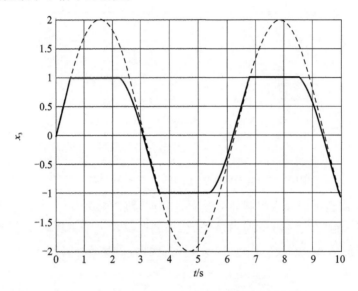

图 13 - 23 $C = 2, \omega = 1$ 时 RLF 抑制器的输入和输出

在速率限制器之前加入 RLF 抑制器,得到人机闭环发生频率 $\hat{\omega}_{onset}$ 与正弦输入幅值 C 关系的散点图。由图 13 - 24 可知,RLF 抑制器明显扩大了未达到速率限制的区域,降低发生速率限制的可能性。尤其是在低频处,即 $\hat{\omega}_{onset}$ 在 1～4 rad/s 范围内,明显扩大了未达到速率限制的区域。

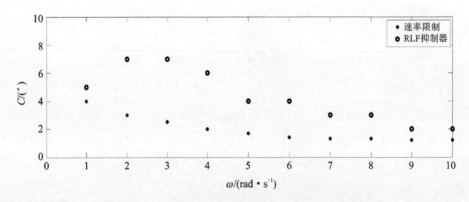

图 13 - 24 未加抑制器与加 RLF 抑制器 C - ω 散点图

除了上面介绍的几种抑制器外,还有文献报道的其他抑制器,例如基于 LPF 改进的 RLPF(Rate Limiter Pre-Filter)抑制器。除此之外,对多操纵面控制的飞机,Yildiz 和 Kolmanovsky 等人提出的基于控制分配思想的抑制 PIO 策略,近年来也是人们探索的技术途径。

13.2　非线性时变人机耦合问题

当人机系统特性发生突变时,人机系统呈现明显的非线性时变特征。例如:飞机出现控制系统故障、结构损伤或控制模态切换等情况时,飞机的飞行动力学特性会突然改变,驾驶员的控制行为也随之变化,从而导致驾驶员-飞机闭环系统呈现非线性时变特性。故障引起的突变对驾驶员来说具有不可预见性,突变发生时,驾驶员有一段不应期,容易诱发不良人机耦合。严重的不良人机耦合会导致飞机失控,引发致命的飞行事故。为了提高飞行安全性,研究非线性时变人机耦合问题成为当今的热点。

13.2.1　突变引起的不良人机耦合

时变人机系统是由驾驶员和飞机被控对象构成的,其中被控对象特性具有时变性,驾驶员的控制行为也随之改变,模型结构如图 13-25 所示。

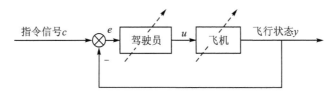

图 13-25　时变人机系统结构

飞机被控对象特性发生的突变可以归纳为以下三类:

① 由飞行任务要求引起的突变,例如飞机构型变化、控制模态切换等;

② 由飞机故障引起的突变,例如飞机机体损伤、发动机故障、飞控系统故障和操纵面损伤等;

③ 由飞行环境变化引起的突变,例如突风等。

当飞机特性发生突变时,驾驶员需要根据任务要求,运用已有的知识对当前的飞行态势进行逻辑推理和判断决策,这对驾驶员的智能控制水平提出了更高的要求。

13.2.2　时变不良人机耦合预测准则

针对人机系统的非线性时变特性引发的不良人机耦合问题,研究非线性 PIO 的预测准则是飞行品质的未来发展方向。研究时变人机系统特性,不适合采用基于傅里叶变换的频谱分析方法,因为该方法无法获得系统的时变特性。而第 3 章介绍的小波分析方法可用于时变系统的时频特性研究。下面介绍小波分析在时变人机系统中的应用,也就是时变人机耦合特性的预测方法。

Klyde通过一些系统特性突变的驾驶员在环仿真实验,基于小波分析方法,建立了一个时变系统的飞行品质准则,以预测Ⅲ型PIO。图13-26所示为包括驾驶员、操纵杆和飞机的人机系统结构框图,其中操纵杆属于智能杆,能够反馈飞机状态。图中,$F(t)$代表杆力输入,$Y_P(\omega)$代表驾驶员模型,$Y_C(\omega)$代表飞机被控对象模型。

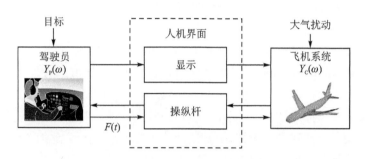

图13-26 带智能操纵的人机系统结构

下面介绍该准则所定义的参数:

① 杆力时频谱的峰值

$$P_{\max}(t) = P[\omega_{\max}(t), t] \tag{13-8}$$

式中:$P(\omega, t)$是杆力$F(t)$经小波变换得到的时变频谱,$N^2/(rad \cdot s^{-1})$。在t时刻,$P(\omega, t)$是频率ω的函数;$P_{\max}(t)$就是在t时刻的频谱峰值,并定义该峰值所对应的频率为$\omega_{\max}(t)$。

② 飞机响应的相位滞后

$$\varphi_{\max}(t) = \text{phase}(Y_C(\omega_{\max}(t))) \tag{13-9}$$

式中:$\varphi_{\max}(t)$是飞机模型$Y_C(\omega)$在$\omega_{\max}(t)$频率处对应的相位角,表示飞机对驾驶员操纵响应的滞后。

③ 频率加权函数

$$\hat{\omega}_{\max}(t) = \frac{1}{\psi(t)} \int_0^\infty P^2(\omega, t) \omega d\omega \tag{13-10}$$

式中:$\psi(t) = \int_0^\infty P^2(\omega, t) d\omega$是驾驶员操纵的能量谱积分,代表驾驶员操纵的总能量;$\hat{\omega}_{\max}(t)$是用能量谱加权的平均频率。

④ 相位滞后加权函数

$$\hat{\varphi}_{\max}(t) = \frac{1}{\psi(t)} \int_0^\infty P^2(\omega, t) \varphi(\omega) d\omega \tag{13-11}$$

式中:$\hat{\varphi}_{\max}(t)$是用能量谱加权的平均相位滞后。

基于上述参数,Klyde提出了一个预测时变系统的准则。该准则以$\hat{\varphi}_{\max}(t)$和$P_{\max}(t)$两个参数组合形成了一个PIO预测边界,如图13-27所示。该图分为两个区域:一个区域为没有PIO发生,另一个区域有PIO。从准则图看出,当驾驶员操纵能量增加,且飞机相位滞后较大时,出现PIO。这直观上反映了准则的合理性。

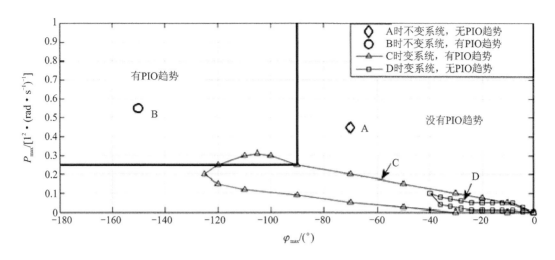

图 13 - 27　PIO 准则用于时变系统与非时变系统

这里还需要说明,在图 13 - 27 所示的准则中,纵坐标进行了标准化处理。正如 PIO 的特征描述,驾驶员的输入幅度要足够大以及足够快才可以达到有效的 PIO 度量。PIO 准则需要一个标准化和统一化的频谱峰值,来定义有 PIO/无 PIO 区域。根据 PIO 的历史数据表可知,其中大多数俯仰 PIO 事件都发生在 35~40 lb 范围内。因此,发现 ±20 lb(峰峰值为 40 lb)的杆力值覆盖了图中所包括的大约 80% 的 PIO 事件。因此,在 PIO 准则的曲线中,应用 20 lb作为归一化因子,标准化单位。基于这种标准化的准则进行下面的仿真计算以及试验数据评估。

Klyde 提出的时变系统的预测准则,本质上也可推广应用到时不变系统。对于时不变系统,$\hat{\varphi}_{max}(t)$ 和 $P_{max}(t)$ 不是时间的函数,是一对固定值,所以在图 13 - 27 中标注为一个点。对于时变系统,$\hat{\varphi}_{max}(t)$ 和 $P_{max}(t)$ 表示为曲线。

在图 13 - 27 中,给出了几个不同飞机模型的预测结果。图中,A 点代表一个不易受 PIO影响的时不变系统。B 点为具有 PIO 倾向的时不变系统。曲线 C 表示具有 PIO 易感性的时变系统。曲线 D 是一个不容易出现 PIO 情况的时变系统。

该准则能用于人在环仿真实验的评价,也能用于驾驶员模型构成的人机系统评价。下面给出准则的具体算法步骤,如图 13 - 28 所示。

① 进行人机系统仿真,得到飞机响应以及驾驶员杆力输入的时域信号。

② 基于小波分析计算杆力信号 $F(t)$ 的时频曲线。

③ 计算 PIO 准则所需的参数,包括杆力频谱峰值 $P_{max}(t)$、加权频率 $\hat{\omega}_{max}(t)$ 和加权相位滞后 $\hat{\varphi}_{max}(t)$。

④ 将准则参数标注在准则图 13 - 27 中,得到 PIO 的预测结果。

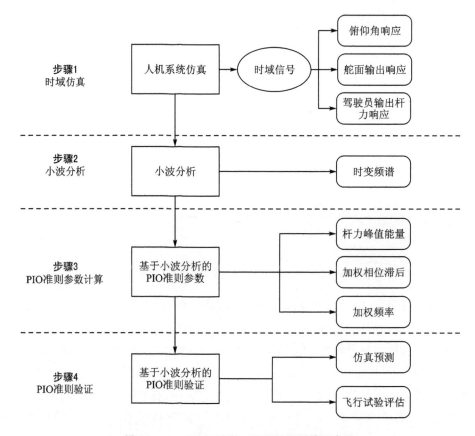

图 13 - 28　Klyde 时变飞行品质预测算法步骤

13.2.3　基于智能杆的时变不良人机耦合抑制

针对时变系统的不良人机耦合抑制问题的研究还不成熟。目前人们设想的技术途径是通过智能飞行控制系统匹配智能操纵杆,从而实现故障情况下的安全操纵。本小节介绍一种基于智能杆的时变不良人机耦合抑制方法,目的是结合 PIO 预测准则的应用,给出一种智能杆的设计思想。

这里设计了一种基于弹簧刚度调参的智能侧杆人感系统,其弹簧刚度随着舵面速率限制的发生而改变,从而达到抑制速率限制、改善不良人机耦合的作用。

基于人感系统调参的智能侧杆的重要特征是人感系统特性随飞机运动状态信息而变化,并将这种变化通过人感系统传递给驾驶员,给驾驶员一种触觉提示,以加强驾驶员的"情景意识"。在智能侧杆引导的人机系统中,当智能侧杆动态特性发生变化时,驾驶员在操纵侧杆时会改变其神经肌肉系统的动态特性。也就是说,智能侧杆的动力学特性变化会对驾驶员控制行为的执行过程有一定的影响。因此,在研究智能侧杆的同时应与驾驶员的神经肌肉系统一起考虑。

根据上述描述,智能侧杆控制的"人感系统＋神经肌肉系统"模型如图 13 - 29 所示。

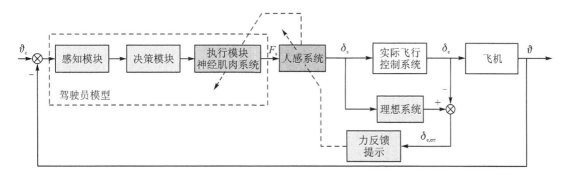

图 13 - 29　智能侧杆控制的人机系统模型结构

图中,ϑ_c 为俯仰角跟踪指令,ϑ 为飞机的实际俯仰角,F_s 为杆力信号,δ_s 为杆位移信号,δ_e 为实际的升降舵偏角,$\delta_{e,err}$ 为实际舵机模型与理想舵机模型(不考虑舵面速率饱和情况)之间的升降舵偏角误差。

由图 13 - 29 可知,智能侧杆人感系统具有自适应性,通过实际舵机系统与理想舵机模型之间的舵偏角误差 $\delta_{e,err}$ 对人感系统进行调参,改变智能侧杆人感系统特性。由于人感系统特性的改变,驾驶员相应的执行模块,即神经肌肉系统,也会有所变化。驾驶员模型的各个模块,如感知模块、决策模块和运动模块,已在第 8 章详细描述。

智能侧杆的核心是人感系统,其组成如图 13 - 30 所示。图中,F_s 为侧杆杆力输入,δ_s 为侧杆杆位移输出,$\dot{\delta}_s$ 为侧杆杆位移速度,$\ddot{\delta}_s$ 为侧杆杆位移加速度,f_s 为摩擦力,F_{δ_s} 为弹簧弹力。

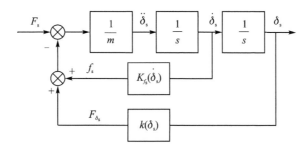

图 13 - 30　人感系统控制回路

对于人感系统,可以等效为弹簧-质量-阻尼器的机械位移系统,动力学模型为

$$m\,\frac{\mathrm{d}^2\delta_s(t)}{\mathrm{d}t^2} = -K_{f_s}\,\frac{\mathrm{d}\delta_s(t)}{\mathrm{d}t} - k\delta_s(t) + F_s \tag{13-12}$$

式中:$K_{f_s}\dfrac{\mathrm{d}\delta_s(t)}{\mathrm{d}t}$ 是阻尼器的阻尼力,K_{f_s} 为阻尼系数;$k\delta_s(t)$ 为弹簧弹力,k 为弹簧刚度。整理式(13-12),得到系统的微分方程

$$m\,\frac{\mathrm{d}^2x(t)}{\mathrm{d}t^2} + f\,\frac{\mathrm{d}x(t)}{\mathrm{d}t} + \bar{k}x(t) = F \tag{13-13}$$

经过拉式变换,可以得到人感系统传递函数的表达式为

$$Y_{FS} = \frac{\delta_s(s)}{F_s(s)} = \frac{\dfrac{1}{m}}{s^2 + \dfrac{K_{f_s}}{m}s + \dfrac{k}{m}} \qquad (13-14)$$

由于侧杆的杆力较轻,操纵敏感,容易引起过快的操纵,导致出现舵面速率限制,诱发人机闭环失稳。如果通过人感系统给驾驶员一定的触觉提示,有可能减小舵面速率限制发生的可能。例如,在较大的杆力输入下仅得到较小的杆位移输出,会让驾驶员难以快速操纵驾驶杆。

这里希望通过提高驾驶杆内等效弹簧的刚度 k 来阻止舵面速率限制的发生。可以依据智能飞行控制系统发出的指令对 k 进行调节,其原理如下:

飞机舵面速率限制问题主要由于舵偏角速率达到饱和,使得驾驶员操纵过快引发相位延迟。通过舵偏角误差 $\delta_{e,err}$ 对人感系统进行调参,当舵偏角误差 $\delta_{e,err}$ 为 0 时,即舵偏角速率 $|\dot{\delta}_e|$ 未饱和,弹簧刚度 k 保持不变;当 $\delta_{e,err}$ 不为 0 时,实际舵偏角与理想舵偏角存在偏差,此时可以通过增加弹性系数 k 的值,给驾驶员触觉提示,即舵偏角速率 $|\dot{\delta}_e|$ 达到饱和,弹簧刚度 k 增大。假设弹簧刚度 k 增大到 $\bar{k}$($\bar{k}$ 为待定系数),使得速率饱和得以抑制。舵偏角速率 $|\dot{\delta}_e|$ 与弹簧刚度的曲线关系如图 13-31 所示。弹性系数 k 的选取需要适当,如果 k 增加得较小,则会达不到抑制 PIO 的效果;当 k 过大时,驾驶员无法推动驾驶杆,可以抑制 PIO,但却以牺牲执行任务为代价。所以需要通过智能侧杆对弹簧刚度进行调参,即找到合适的 k。

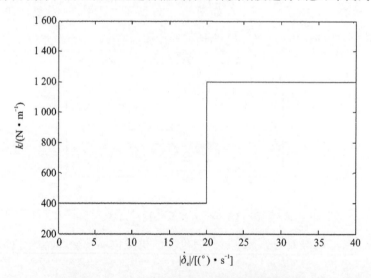

图 13-31　弹簧刚度与舵偏角速率曲线关系图

利用基于小波分析的 PIO 准则对不同弹簧刚度下的智能侧杆系统进行评价。图 13-32 所示为侧杆以及智能侧杆在不同弹簧刚度 k 下的 PIO 准则结果。

从图中可以看出,侧杆的 PIO 预测结果到达了易发生的 PIO 区域,而 3 个不同的弹簧刚度 k 的智能侧杆结果都在不易发生 PIO 的区域。

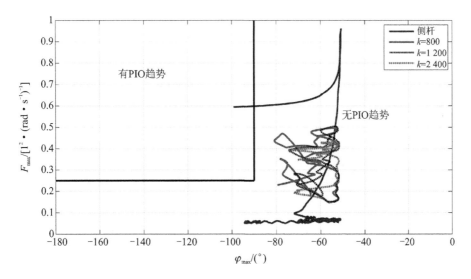

图 13 - 32　侧杆与智能侧杆不同弹簧刚度 k 下 PIO 预测结果

练习题

1. 简述舵面速率限制产生的原因。
2. 舵面速率限制对舵机输出效果有何影响？
3. OLOP 准则中的开环发生点有何含义？

参考文献

[1] Tustin，Arnold. An Investigation of the Operator's Response in Manual Control of a Power Driven Gun. CS Memorandum，1944：169.

[2] McRuer D T，Krendel E S. Dynamic response of human operators. Technical report WADC-TR-56-524，1957.

[3] McRuer D T. Human pilot dynamics in compensatory systems-theory，models，and experiments with controlled element and forcing function variations. AFFDL-TR-65-15，1965.

[4] Kleinman D L，Baron S，Levison W H. An optimal control model of human response part I：Theory and validation. Automatica，1970，6(3)：357-369.

[5] Neal T P，SmithR E. A flying qualities criterion for the design of fighter flight-control systems. Journal of Aircraft，1971，8(10)：803-809.

[6] Hess R A. Structural model of the adaptive human pilot. Journal of Guidance，Control，and Dynamics，1980，3(5)：416-423.

[7] Thomas B S，William R F. Man-machine systems：information，control，and decision models of human performance. The Massachusetts Institute of Technology Press，1981.

[8] Hosman R，Van der Vaart J C. Effects of vestibular and visual motion perception on task performance. Acta Psychologica，1981，48(1-3)：271-287.

[9] McRuer D T. Pilot-vehicle analysis of multi-axis task. 1987，AIAA-87-2538：1312-1323.

[10] Innocenti M，Minciotti R L. Pilot modelling techniques for the analysis of aircraft linear dynamicbehavior. The Aeronautical Journal，1990，94(935)：153-164.

[11] Hess R A. Model for human use of motion cues in vehicular control. Journal of Guidance Control & Dynamics，1990，13(3)：476-482.

[12] 胡兆丰. 人机系统和飞行品质. 北京：北京航空航天大学出版社，1994.

[13] Efremov A V，Ogloblin A V. Development and application of the methods for pilot-aircraft system research to the manual control tasks of modern vehicles. AGARD，Dual Usage in Military and Commercial Technology in Guidance and Control 12 p（SEE N 95-33126 12-31），1995.

[14] Holger D. Effects rate limiting flight control system：a new PIO-criterion. 1995，AIAA-95-3204：288-297.

[15] McRuer D，Klyde D H，Myers T T. Development a comprehensive PIO theory. 1996，AIAA-3433：597.

[16] Deppe P R，Chalk C R，Shafer M F. Flight Evaluation of an Aircraft with Side and Center Stick Controllers and Rate-Limited Ailerons. NASA CR-198055，1996，11.

［17］屈香菊，方振平. 驾驶员结构模型参数辨识. 航空学报，1996（S1）：64-67.

［18］屈香菊，方振平. 驾驶员模型建模精度分析方法研究. 飞行力学，1996.

［19］Klyde D H，McRuer D T，Myers T T. Pilot-induced oscillation analysis and prediction with actuator rate limiting. Journal of Guidance，Control，and Dynamics，1997，20（1）：81-89.

［20］Hess R A. Unified theory for aircraft handling qualities and adverse aircraft-pilot coupling. Journal of Guidance，Control，and Dynamics，1997，20（6）：1141-1148.

［21］ McRuer D T，Droste C S. Aviation safety and pilot control：on the effects of aircraft-pilot coupling on flight safety. National Academy Press，1997：1-189.

［22］MIL-HDBK-1797A. Flying qualities of piloted aircraft. Washington D. C. ：Department of Defense，1997.

［23］Hodgkinson J M S. Aircraft handling qualities. Blackwell Science，1999.

［24］方振平. 带自动器飞机飞行动力学. 北京：国防工业出版社，1999.

［25］Mitchell D G，Hoh R H. Development of methods and devices to predict and prevent Pilot-Induced Oscillations. SBIR Phase II AFRL Rept. AFRL-VA-WP-TR-2000-3046，2000.

［26］Thompson P，Klyde D，Brenner M. Wavelet-based time-varying human operator models. AIAA Atmospheric Flight Mechanics Conference and Exhibit，Aug. 6-9，2001，Montreal，Canada.

［27］屈香菊，谭文倩. 双通道人-机控制系统中的驾驶员模型识别. 北京：北京航空航天大学学报，2002，28（1）：66-69.

［28］高金源，李陆豫，冯亚昌. 飞机飞行品质. 北京：国防工业出版社，2003.

［29］屈香菊，魏宏，官建成. 驾驶员结构模型中感受机构的数学模型化. 航天医学与医学工程，2005，14（2）：123-126.

［30］ Hess R A. Simplified approach for modelling pilot pursuit control behaviour in multi-loop flight control tasks. Proccedings of the Institution of Mechanical Engineers，Part G：Journal of Aerospace Engineering，2006，220（2）：85-102.

［31］陈鹰，杨灿军. 人机智能系统理论与方法. 杭州：浙江大学出版社，2006.

［32］彭晓源. 系统仿真技术. 北京：北京航空航天大学出版社，2006.

［33］Tan Wenqian. Development of pilot composite model in manual control tasks. （in Russia）Ph. D. Dissertation，Flight Dynamics and Control Department，Moscow Aviation Institute，2008.

［34］Mallat S. A wavelet tour of signal processing：the sparse way. Academic press，2008.

［35］Klyde D H，McRuer D. Smart-Cue and Smart-Gain Concepts to Alleviate Loss of Control. Journal of guidance，control，and dynamics，2009，32（5）：1409-1417.

［36］Bevilaqua P M. Genesis of the F-35 joint strike fighter. Journal of Aircraft，2009，46（6）：1825-1836.

［37］Hess R A. Modeling pilot control behavior with sudden changes in vehicle dynamics. Journal of Aircraft，2009，46（5）：1584-1592.

［38］ Wenqian T，Efremov A V，Xiangju Q. A criterion based on closed-loop pilot-aircraft systems for predicting flying qualities. Chinese Journal of Aeronautics，2010，23（5）：511-517.

［39］ 谭文倩，屈香菊. 俯仰跟踪任务中的驾驶员神经网络模型辨识. 航空学报，2010（9）：1708-1714.

［40］ Yildiz Y，Kolmanovsky I V. Stability properties and cross coupling performance of the control allocation scheme CAPIO. Journal of Guidance，Control，and Dynamics，2011，34（4）：1190-1196.

［41］ Kwatny H G，Dongmo J E T，Chang B C，et al. Nonlinear analysis of aircraft loss of control. Journal of Guidance，Control，and Dynamics，2013，36（1）：149-162.

［42］ Pavel M D，Jump M，Dang-Vu B，et al. Adverse rotorcraft pilot couplings—past，present and future challenges. Progress in Aerospace Sciences，2013，62：1-51.

［43］ Xu S，Tan W，Sun L，et al. Survey on theory and method of pilot-aircraft system with intelligent control. Control Science and Systems Engineering （ICCSSE），2017 3rd IEEE International Conference on. IEEE，2017：92-96.

［44］ Xu S，Tan W，Efremov A V，et al. Review of control models for human pilot behavior. Annual Reviews in Control，2017，44：274-291.

［45］ Klyde D H，Lampton A K，Richards N D，et al. Flight-Test Evaluation of a Loss-of-Control Mitigation System. Journal of Guidance，Control，and Dynamics，2017，40（4）：981-997.

［46］ Klyde D H，Schulze P C，Mello R S，et al. Assessment of a scalogram-based PIO metric with flight test data//AIAA Atmospheric Flight Mechanics Conference. 2017：1641.

［47］ Chen C，Tan W Q，Qu X J，et al. A Fuzzy Human Pilot Model of Longitudinal Control for a Carrier Landing Task. IEEE Transactions on Aerospace and Electronic Systems，2018，54（1）：453-466.

［48］ 许舒婷，谭文倩，孙立国，等. 主动侧杆引导下的Ⅱ型 PIO 抑制. 航空学报，2018，39（8）：1-12.

［49］ 许舒婷. 带智能操纵杆的人机系统建模及评价方法研究. 北京：北京航空航天大学，2019.

［50］ 张程，谭文倩，屈秀菊，等. 一种基于小波分析的时变飞行品质准则. 飞行力学，2019，37（2）：7-11.